行为惯性

Hard to Break
Why Our Brains Make Habits Stick

[美]**拉塞尔·波德拉克**（Russell Poldrack） 著
钟歆 吴智敏 译

科学技术文献出版社
SCIENTIFIC AND TECHNICAL DOCUMENTATION PRESS
·北京·

图书在版编目（CIP）数据

行为惯性 / (美) 拉塞尔·波德拉克著；钟歆，吴智敏译．—北京：科学技术文献出版社，2022.6

书名原文：HARD TO BREAK: WHY OUR BRAINS MAKE HABITS STICK

ISBN 978-7-5189-8941-6

Ⅰ．①行… Ⅱ．①拉… ②钟… ③吴… Ⅲ．①行为—研究 Ⅳ．① B848.4

中国版本图书馆 CIP 数据核字（2022）第 027909 号

著作权合同登记号　图字：01-2021-7574

行为惯性

责任编辑：王黛君　宋嘉婧　责任校对：张永霞　责任出版：张志平　特约编辑：袁嘉俊

出 版 者　科学技术文献出版社
地　　址　北京市复兴路15号　邮编 100038
编 务 部　（010）58882938，58882087（传真）
发 行 部　（010）58882868，58882870（传真）
邮 购 部　（010）58882873
销 售 部　（010）82069336
官方网址　www.stdp.com.cn
发 行 者　科学技术文献出版社发行　全国各地新华书店经销
印 刷 者　北京世纪恒宇印刷有限公司
版　　次　2022年6月第1版　2022年6月第1次印刷
开　　本　880 × 1230　1/32
字　　数　160 千
印　　张　8.5
书　　号　ISBN 978-7-5189-8941-6
定　　价　58.00元

推荐序

洞悉习惯形成及其改变的大脑之谜

北京师范大学认知神经科学与学习国家重点实验室教授　薛贵

我满怀崇敬之心读完了波德拉克教授的《行为惯性》一书，并为能有作序的机会感到万分荣幸。

2004年的春节，我通过电子邮件第一次联系到了波德拉克教授，寻求加入他实验室的机会。几个月后，我非常幸运地拿到了美国心理文化研究基金会（The Foundation for Psychocultural Research，FPR）的资助，并如愿进入波德拉克教授在加州大学洛杉矶分校（UCLA）的实验室从事博士后研究。波德拉克教授是世界顶尖的脑科学家，致力于用认知心理学和功能磁共振成像技术揭示人脑复杂认识行为的脑结构和功能基础。在我的印象中，波德拉克教授是一个天赋异禀又极其严谨、认真的天才型科学家。他总是能敏锐地把握脑科学研究的趋势并洞察其中的根本问题，还能直面脑功能影像的技术挑战并提出创新解决方案，从而推动了全世界人脑功能影像研究的持续健康发展。在 UCLA 几年宝贵的学习时间里，我从波德拉克教授那里学到了无数专业知识和技能，更养成了严谨细致，敢于挑战未知的思维习惯。

《行为惯性》这本书正是体现了波德拉克教授这种独特的风格和魅力。关于行为习惯，市面上已经有很多相关的书籍。其中最多的一类可能是习惯养成的书籍，教会大家培养自己和孩子的良好习惯的方法，如早睡早起、坚持锻炼、遵守规则、控制情绪、控制饮食、财务规划，等等；另一类书，用引人入胜的故事和案例揭示习惯在工作生活中的巨大影响，从而颠覆人们已有的认知，比如习惯如何促进产品的销售和组织的变革；还有一类书专注于消费者的行为习惯，从而帮助产品经理设计更好的满足用户习惯的产品，包括电脑和手机的操作系统、游戏的奖励机制，等等。《行为惯性》显然不同于上述任何一类，它致力于深入剖析习惯背后的认知和大脑基础，并从脑科学的角度提出了行为改变的创新之路。

在一般人眼中，习惯就是多数时间重复做的事情，比如 6 点起床、洗漱、吃早饭、送孩子上学、9 点前赶到办公室、工作、午餐、18 点下班、接孩子放学、做晚餐、辅导孩子做作业、做家务、23 点睡觉等。还有人想到的就是一些好习惯和坏习惯，比如按时睡觉、起床，坚持锻炼，做事专心，不抽烟，不喝酒，不赌博等。虽然这些都具有习惯的某些特征，但它们只是人类庞大习惯系统的冰山一角，还有一些严格来说并不能称为习惯。

从心理学和脑科学角度来看，除了本能的行为之外，人的行为主要受到两个重要行为系统的控制：习惯系统和以目标为指向的行为系统。习惯具有三个方面的特征：首先，它是一个自动化的行为系统；其次，它受到环境线索的驱动；最后，它对行为结果不敏感。从这个意义上来说，我们的大多数行为，从走路的姿势、说话的语调、情绪的反应模式、日常消费的选择等都被习惯所控制。有趣的是，在不同的环境中，我们往往会形成一个固定的行为模式。比如，春节回到老家，虽然你已经年过三十了，但你还是会变回孩子的心理模式；来到公司，你作为部门领导的心态就会立即恢复。这些行为也往往不受外界情况改变的影响。比如，养成勤俭节约习惯的老人，即使家庭收入已经增加了也不会改变其消费模式。

由于习惯系统自动化的特点，它为人类提供了源源不断的、高效的动力源泉，也让人能有大脑资源来处理其他更重要的事情，或者突发的意外情况。如果没有习惯，我们可以说寸步难行，或者在早晨还没有出门前就已经为思考最有效的刷牙方式和最符合今天状态的早餐而筋疲力尽了。但由于习惯自动化和不受结果影响的特点，又会导致人们往往意识不到习惯的存在，更难以改变习惯。这就形成了所谓的“稳定性与可塑性”的两难困境。

与习惯系统相对应的，是一个目标指向系统。这个系统负责制定目标，并严格监控行为的过程和目标达成的情况，从而能够及时调整行为。这个目标不仅包含了眼前的诱惑（及时行乐、乱发脾气、不守规则、投机取巧），也包含了长期的目标（身体健康、人际和睦、事业有成、人设良好）。当眼前的目标和长期的目标发生冲突的时候，目标指向系统可以克服眼前的目标，从而保证长远的目标能够实现。这就是我们常说的“自控力”，或者“延迟满足的能力”。目标指向系统也能暂时克服习惯并调整行为，从而让旧的行为习惯在变化的环境中变得合理。

目标指向系统虽然强大，但不同人的目标指向系统的能力会存在很大的差异，同时也比较脆弱。比如，当人们分心或受到很大压力的时候，其能力就会大大减弱。我还记得有一次我要去学校接孩子，在路上接了一个朋友的电话，等挂断了电话，我发现自己已经坐在办公室了。

另外，女孩子心情不好的时候，冲动的消费行为就会增加，这就是压力对自控力的削弱所造成的。很不幸，严重的分心和持续的压力已经成了多数人的生存现状。因此，我们的行为也越来越被习惯所控制，而变得失去了重要的目标。

习惯的形成是一个学习的过程，其中奖赏机制起到了重要的作用。一般来说，如果人或动物的某个行为得到了奖赏，那这个行为之后发生的次数就会增加。随着多次这样的重复，以及奖赏机制的变化（从可以预期变成不可预期），一方面整个行为的各个环节变得更加整合和自动化；另一方面行为的启动也不受到奖赏变化的影响。从神经环路的角度来说，行为也从依赖大脑前额叶皮层和外侧纹状体（目标指向系统），转移到依赖运动皮层和内侧纹状体（习惯系统），实现了从目标指向系统到习惯系统的转化。

基于这些对习惯系统和目标指向系统的科学研究，波德拉克教授提出了一些改变习惯的新方法和新思路。比如，既然行为习惯在很大程度上是一种无意识的行为，那么增强对习惯本身的意识就显得非常重要。特别是我们要意识到习惯的强大及自控力的相对脆弱，需要为此做好充分的思想准备，并制定非常详细（针对每个场景和可能性）且具体可操作（能够顺利实施的）的应对方法。既然习惯受到环境线索的驱动而诱发，消除环境诱因，小到丢掉诱发习惯的物品、改变着装，大到更换工作，甚至搬到新的城市，这些都是值得的；既然习惯的养成和修改是一个学习和记忆的过程，一些记忆更新、修改甚至删除的方法（包括行为技术、药物和电刺激）都可以助力行为改变。因为习惯行为可以暂时受到大脑前额叶的目标执行系统的调控，一些可以增强大脑前额叶功能和提升自控力的方法与技术（包括认知训练、大脑刺激、正念冥想等）也可以发挥作用；还有一些技术，包括深部电刺激、光遗传学等，已经在动物身上开始应用，未来有一天也许能够应用到人身上。

总的来说，这是一本有关习惯的严肃科普书籍。波德拉克教授依据自己几十年的研究积累，深入浅出地阐述了习惯所涉及的关键心理机制和神经基础。几乎所有的观点都有非常扎实的、可重复的科学研究作为支撑。对于一些尚未得到严格重复的研究发现，他也清晰地给予了说明，体现了其非常严谨的科学态度。这些最新的研究发现帮助我们破解了习惯的大脑奥秘，并为理解自身的行为提供了崭新的视角。基于这些科学的理解，我相信每个人都能掌握破解习惯的密码，并寻求全新的改变。此外，这些理论和方法还能为消费产品开发、数字疗法研制等提供全新的思路，为教育政策制定、公共卫生管理、社会法治创新等提供科学的依据。

正如波德拉克教授在书中所强调的，行为改变不仅仅是个人的琐事，还是一个重要的社会问题。

目 录

第二部分　摆脱困境：改变惯性行为

前 言

行为中根深蒂固的惯性

行为惯性是什么？

首先，请你想一想，每天早上起床后，你都做了哪些事情？我通常会先从卧室走到楼下，打开咖啡机，准备早餐（原味酸奶、蓝莓和坚果），接着打开笔记本电脑查看邮件，逛一逛社交平台，浏览一下新闻。不可思议的是，我在做这些事情的时候其实并没有去想自己在做什么——这些过程纯粹始于行为的惯性，几乎不需要意识的参与，比如我不会去想“现在，我需要拿出勺子，把酸奶舀进碗里”。

当说到行为的惯性，也就是人们平时所说的习惯时，我们往往会立马想到“坏习惯”或“好习惯”，比如，抽烟、喝酒、暴饮暴食就属于前者，而锻炼身体、饭后刷牙就属于后者。然而，如果我们把行为的惯性比作一座漂浮在水面上的巨大冰山，以上这些习惯仅仅是露出水面的冰山一角。试想一下，如果没有惯性行为，生活会是什么样子，很显然，我们的决策系统会立马瘫痪。

《众病之王：癌症传》(*The Emperor of All Maladies: A Biography of Cancer*)是一本打动人心的好书，其作者悉达多·穆克吉(Siddhartha Mukherjee)在书中谈到，我们不应该把癌症病毒看作与我们身体相异的东西，因为它确切地反映出维持我们生命的生物功能：

> 我们发现，癌症缝在我们的基因组上……癌症是我们生长中的一个缺陷，这个缺陷深深根植于我们自身。我们可以摆脱自身的癌症，这依赖于摆脱自身衰老、再生、愈合、繁殖的生理过程。

我们可以以同样的方式看待行为的惯性。你会发现，正是因为这种惯性在我们身上根深蒂固，所以我们的行为才会难以改变，也恰恰因为习惯具有这一特性，才使得我们能够在这个纷繁复杂的世界里穿梭自如。

习惯的意义

威廉·詹姆斯（William James）是美国历史上第一位实验心理学家［他的弟弟亨利·詹姆斯（Henry James）也很有名，是一位了不起的小说家］，是对人类心灵进行过描述的思想家之一。在1890年出版的《心理学原理》（*Principles of Psychology*）[1]一书中，詹姆斯对习惯及其重要性的描述即使在今天读来依然具有直抵人心的力量，他展示出习惯在人们的日常生活中是何等重要。阅读这些文字，会给人强烈的画面感：

> 在所有的教育中，最重要的是让我们的神经系统成为我们的盟友，而不是敌人……为此，我们必须尽可能早且尽可能多地将有用的行为变成一种自动化、习惯化的行为……如果一个人没有任何习惯，在所有事情上都举棋不定，那他的生活简直太悲惨了——因为他每点一支烟，每喝一杯水，何时起床与入睡，每开始一项工作，都需要靠意志力来深思熟虑一番。这样的人，人生一半的时间都用在了做决定或是懊悔上，而这些事情本该是根深蒂固的习惯，完全用不着意识的参与。

对詹姆斯来说，"习惯"这个概念的核心在于"自动化"，也就是说，当面对特定的情境时，我们会在多大程度上自动做出某种行为，而不需要意识的参与。有时我们会受到自动化的驱使而出现差错，而自动化也只有在这样的时刻才会显形。几乎每个人都有过这样的经历：原本打算在下班路上特意去一下某个地方（比如，去干洗店取衣服），但回到家才发现自己把这事给忘了。这是因为每天在同样的路线上来来回回让我们形成了自动化的习惯，从而影响了我们的行为，导致我们出了差错。我们通常对习惯有一种安全的依赖，然而，就像癌症是我们细胞生长机制的阴暗面一样，出现差错就是这种安全依赖的阴暗面。

当我们获得一项新技能时，詹姆斯所说的让我们的神经系统"成为我们的盟友而不是敌人"的概念就会变得尤为清晰。这里所说的新技能，指的是一种我们无须努力就能发挥出来的高度协调的能力——这与习惯的概念非常相似。从开车或骑车，到使用电脑键盘或手机触屏，几乎对任何人造产品的使用，都会涉及随着时间积累而发展起来的熟练行为。

阅读也许是人类最特殊的技能之一。文字的历史大约只有5000年，在人类进化史上只占很小的一部分。虽然几乎所有人都能毫不费力地学会理解和说自己的母语，但阅读却是一项需要接受多年教育和实践才能掌握的技能。从某种意义上说，一旦我们掌握了阅读这项技能，在看到文字时我们就会自然而然地去理解它的意思。阅读的自动化特性体现在著名的斯特鲁普测试中：

向受试者呈现用彩色墨水写的词，要求受试者尽快说出墨水的颜色。如果我们将受试者在看到词义与颜色相一致的词（例如，用红墨水书写“红色”）和词义与颜色不一致的词（例如，用红墨水书写“蓝色”）时的反应时间进行比较，就会发现在后一种情况下，受试者所需要的反应时间更长。这就意味着，即使文字与当前的任务无关，甚至会阻碍我们继续任务，但人们仍然会不由自主地去阅读它。这样看来，技能与习惯是非常相似的，都是在不需要任何努力或意识参与的情况下自动执行的。习惯和技能之间的这种关系对于我们理解与之相应的大脑系统是很重要的。

习惯的种类

如果惯性行为是我们大脑运作的一个基本方面，那么我们就应该在任何地方都看到它们，事实的确如此。我们每个人都有很多日常习惯——在特定情境下惯性地做出一系列复杂行为，通常是几乎天天都做的。我们会在早上煮咖啡、做早饭，会开车、坐车沿特定的路线去上班，会在晚餐前摆好桌子，会在睡觉前刷牙……虽然每一种行为都有其特定的目的，但我们在做这些事的时候很少有意识地去想这样做的目的是什么，甚至很少去想我们正在做着的这些事。这些日常习惯的无意识本质，与心理学上一个由来已久的观念是相互矛盾的，即我们的行为主要受我们的目标和信念的驱动。[2] 心理学家朱迪思·乌列特（Judith Ouellette）和温迪·伍德（Wendy Wood）的研究表明：许多日常行为（尤其是我们每天都要做的那些行为）不应该用目标或意图来进行解释，而应该用过去出现的频率（习惯的强度）来进行解释。[3]

正如威廉·詹姆斯所说，日常习惯的确可以使我们的大脑“成为我们的盟友而不是敌人”，而其他习惯似乎更像是对特定诱因或情境做出的无意识反应，它们似乎没有任何明显的目标，就像一个人总是爱咬指甲或捻头发。还有一些情况，比如，我们在沙发上看电影时吃掉了一大桶爆米花，这种行为看似包含某种目标，但其实依然是无意图的参与，因为通常当我们意识到的时候，会发现吃掉的比预想的要多得多。正如接下来我们将看到的那样，习惯与目标或意图的分离，是习惯如何工作的核心概念之一，对于这种分离是如何形成的，我们也有了越来越多的了解。

目前为止，我们所讨论的习惯全都涉及身体动作，但有一点很重要，那就是我们也可能会有思维上的习惯。我和我的妻子一同生活了快 30 年，我们常常发现我们会在一些事情上产生同样的想法，或是当其中一个人在讲某件事的时候，另一个人就会知道对方接下来要说什么。多年的共同经历让我们在许多事情上产生了同样的心理反应。在其他一些情况下，思维习惯可能会变得非常具有破坏性，比如，患有强迫症的人会因始终无法摆脱某些特定的想法而逐渐恶化为心理上的残疾。

最后我想说的是，对特定情境的情绪反应也可能会变成习惯。比如，许多人像我刚开始读研究生时一样，一想到要在公共场合演讲就会产生一种强烈的恐惧反应。由于习惯是受特定情境触发才出现的，因此，在恐惧时产生的心理和身体反应可以被看作一种“情绪习惯”。

习惯与目标

虽然从行为到思维都有惯性的存在，但大多数关于习惯的研究都聚焦在相对简单的行为方面。此外，虽然我们最终的兴趣在于了解习惯如何在人类身上起作用，但我所讨论的大部分研究都是在人类以外的物种中进行的，尤其是啮齿动物（大鼠和小鼠）。部分原因在于，在实验室条件下培养人类的新习惯需要大量的时间和经验，而实验所使用的老鼠就生活在实验室里，每天可以接受数小时的训练。此外，研究员的研究兴趣往往集中在“坏”习惯上，比如，药物滥用、暴饮暴食，但为了研究目的而在人类身上培养一个新的坏习惯是不合伦理的。幸运的是，啮齿动物的大脑组织结构与人类的大脑非常相似，所以我们可以通过研究它们获得很多有用的信息，但我们也需要记住，这二者之间仍然存在差异。此外，啮齿动物相对专一，至少异性不在场时是如此。它们只会想到吃，因此用它们来研究习惯很合适。近年来，越来越多的研究使用小鼠而不是用大鼠来完成，因为在小鼠身上更容易使用强大的基因工具来解析和控制大脑功能，我在本书后面的章节中会有所描述。

研究啮齿动物的一种标准方法是将它们置于操作性条件反射室（见图 1），也就是通常称为斯金纳箱（Skinner box）的装置中，这是以心理学家 B. F. 斯金纳（B.F.Skinner）的名字命名的，他最初用它来研究大鼠的学习方式。这个箱子能让动物做出反应（里面通常有一个可供按压的杠杆，或是一个能让动物把鼻子伸进去的孔洞），箱子旁边连着一个食物释放器，能够释放颗粒状食物让动物吃到。箱子提前进行了设置，只有当按压杠杆达到特定次数（或是特定时长）时才能获得食物。啮齿动物很快就学会了用按压杠杆的方式来获取食物，许多关于习惯如何习得的研究都是以此为基础的。

假如一个研究人员训练大鼠通过按压杠杆来获取食物，连续训练几天后，当大鼠又一次被放进箱子，它会立刻开始按压杠杆。那么我们怎样才能知道这种行为是不是一种“习惯”呢？对于这个问题，剑桥大学的心理学家安东尼·迪金森（Anthony Dickinson）给出了一个颇具影响力的答案。根据迪金森的说法，有两个原因可以用来解释为什么大鼠会继续按压杠杆：一方面，

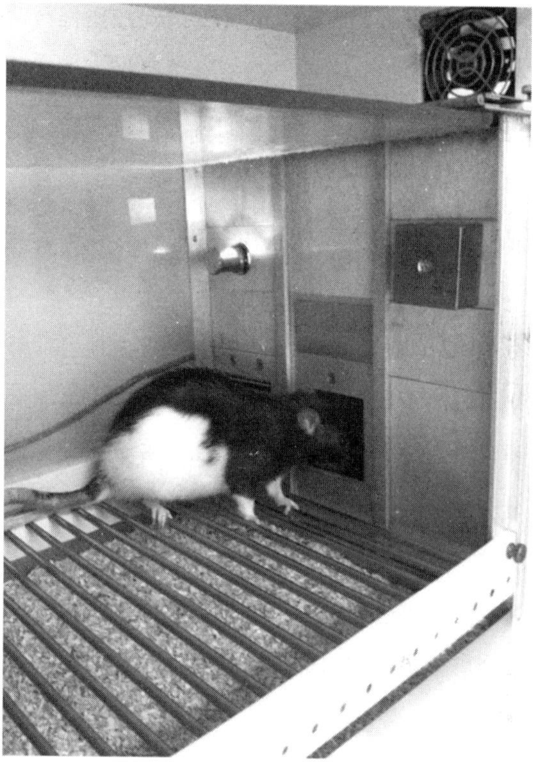

图 1 在操作性条件反射室（斯金纳箱）中，一只大鼠正把鼻子伸到孔洞里。（图片由亚伦·布雷斯德尔提供）

大鼠有一个想要完成的目标，即获得食物，它知道按压杠杆就可以获得食物奖励。由于这一行为是直接服务于目标的，因此迪金森称之为目标导向行为（goal-directed action）；另一方面，大鼠按压杠杆可能仅仅是因为它在斯金纳箱里学会了这样做，即使没有任何目标，它也会这样做，这就是迪金森所说的刺激-反应（stimulus-response），或者惯性行为。基于这一区别，迪金森设计了一个有效的方法来判断大鼠在按压杠杆时是否带有目标：消除目标的价值，看看它是否会继续做出这一行为。例如，假设这里的奖励是一粒鼠粮，我们可以通过在把大鼠放入斯金纳箱之前给它喂一堆食物来降低奖励对它的价值，这样它就会厌倦这一食物。如果大鼠在吃饱后不再按压杠杆，那么我们就可以确定它按压杠杆是有目的的。相反，如果大鼠在吃饱后继续按压杠杆，那么我们就可以确定按压杠杆是一种习惯，迪金森认为这是一种由特定刺激（在本案例中是杠杆的存在）所引发的行为，与目标无关。迪金森和同事们发现，在学习过程的早期，大鼠的行为似乎是目标导向的，即当奖励贬值时，大鼠就会停止按压杠杆。但随着进一步的训练，大鼠的行为变成了习惯化的，即使不想获得奖励，它们仍然会继续按压杠杆。这种从一开始依赖于目标导向控制到后来依赖于习惯控制的转变，是会在有关习惯的研究中反复见到的模式。[4]

由此可见，习惯与有意图的、目标导向的行为之间至少有两个方面的不同：一方面，只要适当的刺激出现，习惯就会自动出现；另一方面，一旦习惯被触发，就会开始执行而不带有任何特定目标。你也许会感到疑惑：为什么我们会进化出这样一个像一台机器一样的大脑呢？

我们为何会拥有习惯？

我们所居住的世界在很多方面都是相当稳定的，这一点常常被我们忽略。物理定律不会随时间的变化而改变，世界格局也基本保持一致——你的朋友不会突然对你说一门新语言，你汽车上的方向盘每天的工作原理都是一样的。此外，世界的某些方面每天都在发生变化，比如，人们停车的地点，或者他们当天需要穿什么衣服。还有一些方面在我们当地的环境中是一直不变的，但在其他环境中就会发生变化。比如，在美国开车需要行驶在道路右侧，而如果在英国开车，则需要行驶在道路左侧。

这样一来，我们的大脑就陷入了一个进退两难的境地。一方面，我们希望大脑能够自动处理世界上所有稳定的方面，这样我们就不用时刻去想着它们。当我开车回家时，我可不想一路上都想着“要保持在道路右侧”，因为这一点在我熟悉的环境里是非常稳定的。但从另一方面说，当有事物发生变化时，我们又希望大脑能够记住这些事情。如果某段路因施工而封闭，我需要记住这一点，这样我就可以在上班路上避开它了。一个更具挑战性的问题是，大脑并不知道哪些东西是稳定的、哪些东西在变化——但它必须学会这一点，尤其是它需要确保我们不会变化得太快。举个例子，如果某天我在英国开车，我不希望回到在美国时的状态，我的大脑已经被重新设置成了在道路左侧行驶。计算神经科学家斯蒂芬·格罗斯伯格（Stephen Grossberg）用“稳定性－可塑性困境”来描述这个难题：大脑如何知道在适当的时候做出改变而不忘掉它所知道的一切呢？

在进化过程中，解决这个难题的基本策略是在大脑中构建多个系统来支持不同类型的学习。心理学家大卫·雪莉（David Sherry）和丹尼尔·沙克特（Daniel Schacter）提出，这些独立的大脑系统之所以进化，是因为它们需要解决一系列“功能不兼容”的问题，也就是说，这些问题不能简单地由单一的系统来解决。他们认为，大脑通过习惯系统的进化，使人类能够学习世界上稳定的（或不变的）事物，而通过另一个记忆系统（陈述性记忆系统）的进化，使人类能够学习那些时刻变化的事物。习惯系统让我们了解汽车踏板如何工作（这通常不会变化），而陈述性记忆系统让我们记住今天我们把车停在了哪里（每天都在变化）。

理解行为

我们做出的任何特定选择或行为其实都会掩盖我们大脑中进行的大量计算。鉴于我会在本书中花大量篇幅去探讨驱动我们行为的各种因素，因此搭建一个框架来理解我们的行为是很有必要的。本书基于图 2 中的框架来进行内容的组织。

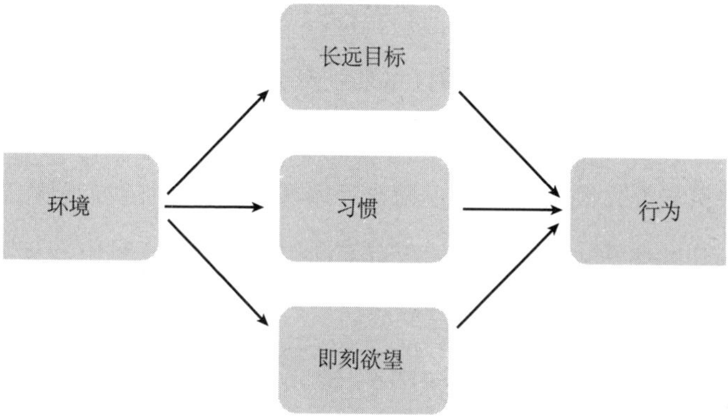

图 2　影响选择的各种因素

我们做每件事都会受到环境的影响，环境允许我们做出某些选择，而不允许我们做另一些选择，同时，环境也会为我们呈现刺激，触发我们的欲望和习惯。一旦我们准备做出选择，有几个因素就会开始影响我们的决定：首先，我们拥有长远目标——我们将来想做什么？其次，我们的即刻欲望——这些是我们现在就想要的东西，不管它们与我们的长远目标是否一致。最后，我们有自己的习惯，这些行为是我们从经验中学到的，不经思考就会自动做出来。

举个例子来具体说明。假设我开车到一个同事家参加派对，在派对上，同事递给我一杯鸡尾酒。我喜欢鸡尾酒，我的即刻欲望是“谢谢，我想来一杯”。然而，我有一个长远目标——保持清醒，这样我就可以开车回家（这涉及更长远的目标，即避免交通事故及远离牢狱之灾），这将导致我婉拒这杯鸡尾酒，喝一些和长远目标更相符的东西，比如一杯白水。然而，根据我的经验，我可能会有在派对上喝鸡尾酒的习惯，尽管我有长远目标，但我可能会发现自己手里正端着一杯鸡尾酒。正如我们将在后文了解到的那样，一个选择的所有不同组成部分对于理解我们如何更有效地改变行为是非常重要的。

全书结构

本书分为两部分。

第一部分，“习惯机器”描述了科学家对“习惯”的确切定义，以及行为的惯性源自大脑的什么地方。科学家们对习惯的定义各不相同，但他们中的大多数都认同一些基本特征。首先，习惯是一种由特定刺激或情境自动触发的行为或想法——它具有惯性，不需要任何有意识的意图的参与。其次，习惯不与任何特定目标联系在一起，确切地说，这种惯性的出现仅仅是由于它被触发了。这一点很重要，因为这意味着，即使导致某种习惯的奖励不在了，这种惯性仍然存在。最后，习惯是很顽固的：尽管我们尽了最大的努力去抑制它们，它们还是会找上门来，而且通常是在我们最脆弱的时候。

在第一章中，我将致力于描述形成习惯的大脑系统，以及这些系统与其他类型的学习和记忆的关系。首先我们将会看到，大脑中的习惯系统与有意记忆的系统是不同的。我们还将接触到一种神经化学物质——多巴胺，它是以习惯为主题的故事中的明星或反派，而如何看待它，取决于你的视角。我们将看到，在能带来奖励强化的行为中，多巴胺是如何扮演核心角色，并最终为习惯的发展奠定基础的。

在第二章中，我转向了对“为什么习惯如此顽固”的研究。在这里，我们将看到习惯的诸多不同特征共同作用，使它们变得特别持久。一方面，随着时间的推移，习惯变得越来越统一；曾经需要我们有意识地关注和努力的一系列行动，变成了一个行为单元，几乎不需要额外的思考或意图。另一方面，这些习惯的触发因素变得越来越强大，越来越吸引我们的注意。那些很难改变的行为背后，都融合了这些机制。

在第三章中，我讨论了大脑中不同的记忆系统是如何协同工作，从而使我们的行为充满智慧的。在这里我们将看到，我们的行为来自大脑中不同学习系统之间的竞争。我还将深入阐释一个广为接受的理论，它描述了大脑为了学习新习惯而进行的计算，即所谓的强化学习。我们将看到不同形式的强化学习是如何触发习惯或计划（目标导向）行为的。我也描述了更高层次的目标如何不断积累，从简单的行为习惯变成更复杂的习惯。

当想到习惯以及为什么它如此难以改变时，很多人往往会立刻想到自控力和意志力，我将在第四章中对此进行探讨。我的叙述主要围绕着大脑的前额叶皮质展开，而前额叶皮质正是帮助我们抵制当下的诱惑、为长远目标服务的中心。事实上，自控力有几个不同的方面，它们依赖于大脑中的不同系统。我还讨论了意志力的概念，你会发现意志力所起的作用与我们直觉所认为的完全不同。

习惯带来的最严重、最不幸的影响是成瘾，我将在第五章谈到这一点。鉴于多巴胺系统在习惯形成中的核心作用，所有成瘾药物都会引起多巴胺系统异常强烈的活动，所以这并非偶然。除了药物，我还探讨了对食物或电子产品的成瘾，以及最近的一些神经科学研究，这些研究揭示了一个有趣的问题：为什么一些人容易上瘾，而另一些人则不会。结果表明，答案可能在于生物学上的运气。

本书的第二部分为“摆脱困境”。我们会意识到习惯极其强大、难以撼动，所以这一部分聚焦于有效地改变行为的科学原理。在第六章中，我描述了行为改变的困难是如何构成我们最重要和最困难的公共卫生问题的。我概述了以往行为改变研究的不足之处，并描述了一种通过关注行为改变的基本机制来改善这一现状的新方法。

人们曾提出许多不同的策略来为行为的改变助力，在第七章中，我讨论了这些方法的有效性。对其中一些策略而言，科学能够为其提供有效的支撑，但另一些策略却没有足够的证据支持。

在第八章中，我讨论了基于神经科学今后研究的可能途径。目前这些方法都还未得到实施，但其中一些为未来带来了希望。我在结语里总结了这些内容，我引用科学证据说明，人们有能力改变自己的行为，特别是在传染病流行和气候危机等重大挑战的背景下。

请注意，我没有什么“简单的技巧”可以教你改掉坏习惯。事实上，当我们着眼于真正的科学，你在其他书中读到的许多应对习惯的“神奇方法”往往会消失。相反，当你读完这本书，你对习惯为什么如此顽固会有一个深刻的理解，并会对如何更好地改变习惯产生更理性的看法。

第一部分

大脑中的惯性机器

第一章
学习、记忆和习惯

我们的思想和行为表现得十分流畅，以至于很难想象它们是由我们脑袋里像果冻一样的组织中嘈杂的电活动引起的，然而事实就是如此。大脑的复杂性远远超出我们的想象，一般人可能不知道，许多神经科学家对人类能否完全了解大脑的工作原理是感到绝望的。即便如此，从大脑细胞如何处理信息开始，我们对于大脑的基本要素还是有了很多的了解。

人类大脑是由数以亿计的神经细胞构成的，其中，神经元负责处理信息。此外还有许多支持细胞，称为神经胶质（glia）细胞。神经元将电信号从一端传送到另一端，然后释放出化学信号，影响邻近神经元的电活动。神经元胞体产生的信号通过一个叫作轴突（axon）的线状结构传递到另一端，在那里释放一种叫作神经递质的化学物质。正是这种电信号和化学信号的结合，以及确定神经元如何进行连接的大脑构造，决定了我们所做的一切。

举个例子，讲讲当我的猫 Coco 看到窗外的一只鸟时，它的大脑里发生了什么。鸟反射的光投到 Coco 的视网膜上，那里有专门的感光神经元；当光子击中位于细胞表面（细胞膜）的特殊受体分子时，细胞的电学特性发生了变化，光能量转化成了电信号。这个电信号称为动作电位，它沿着神经纤维传导。这些感光神经元与视网膜中的其他神经元接触，动作电位导致化学信号的释放，从而使传导链中的下一个神经元激活或失活。这些信号通过眼内的几层神经元传播，最终通过一条神经（由许多轴突组成的线缆）到达大脑。信号首先抵达大脑深处一个叫作丘脑的结构，你可以把它想象成大脑的总机——几乎所有进入大脑的信号都要经过丘脑传入。信号从丘脑传递到大脑的外表面，即大脑皮质，大脑中很多高级信息加工都是在这里进行的。大脑皮质的不同部位接收不同类型的信息；在 Coco 的例子里，视觉信息传递到大脑后部一个称为视觉皮质的区域，接着层层向前移动。在每个阶段，信息处理都会变得更加复杂一些。在接受丘脑传入信号的视觉皮质中，特定的神经元只对视觉世界的一小部分信号敏感，对相对简单的特征敏感，如轮廓或线条。这些区域将视觉信号向大脑前部传递，后者对信号中复杂的特征更加敏感，如形态或整个物体。在某一时刻，这些信号让 Coco 能够识别视觉刺激中的形态是一只鸟，并将信号发送到大脑中负责处理情绪的部分，从而释放神经化学物质，让它感到兴奋和激动。其中一些信号还会导致运动皮质的活动，使得它跑向门口，发出一些奇怪的声音。

在整本书中，我会更详细地探讨大脑功能如何导致我们的各种想法和行为，其中的很多细节对于我们理解习惯如何形成，以及为什么它们会持续影响我们是至关重要的。

习惯与有意记忆

无论是在执行习惯的过程中，还是在随后对它们进行回忆时，习惯与我们对过去事件的有意记忆都是完全分离的，这是习惯的一个显著特征。以我们离家时锁门的习惯为例：一旦我们学会了锁门，就不会再去想怎么锁门，或者试图去回忆曾经锁门的情景；我们只是不假思索地去做，就像所有习惯一样。如果我问你锁门的时候你是朝哪个方向拧钥匙的，你可以很形象地描述这个过程，告诉我是沿顺时针方向转动，然而，平时在锁门的时候，你从来不会去想“现在，我需要顺时针转动钥匙了”。反过来说，有多少次你离开了家，后来却想不起自己是否锁了门。通常情况下，习惯系统是值得信赖的，它会确保门被锁上，但它往往不会给我们留下什么经验的痕迹。

对于那些因大脑损伤而失去记忆的人来说，习惯和意识体验之间的区别尤其明显。有一个著名的例子来自法国神经学家艾德华·克拉帕雷德（Édouard Claparède）的研究。当他与一名记忆障碍患者见面并握手时，他用事先藏在手里的大头针扎了一下她的手。几分钟后，她已经不记得自己被大头针扎过了，但当克拉帕雷德再次和她握手时，她却没有把手伸出来。他问她为什么拒绝了握手，她说："有时人们手里会藏着大头针。"克拉帕雷德的患者显然保留了一些被针扎的体验，尽管她并非有意识地记住具体的情节。基于这类奇闻逸事，始于 20 世纪 60 年代的大量神经科学研究已经确立了这样一个观点，即大脑里存在多重记忆系统。最主要的区别存在于这两个记忆系统中：一个允许我们有意识地记住过去的事件（比如，记住早上你把车停在了哪里），一个不涉及对过去事件的有意记忆（包括习惯和技能，比如如何开车）。

有意记忆系统

对过去事件的有意回忆尤其依赖于陈述性记忆系统，它涉及位于颞叶深处的一组大脑区域（称为内侧颞叶），包括海马体及其周边的大脑皮质部分（见图 1.1）。这些区域的损伤会导致人丧失对过去事件的记忆以及无法形成新的记忆。事实上，海马体只要受到轻微损伤就会导致这种记忆障碍。研究者拉里·斯奎尔

（Larry Squire）及其同事通过研究一位姓名缩写为 R. B. 的男子的大脑证明了这一点。R. B. 经历过几次心脏事件，导致大脑暂时缺氧，从而出现了严重的记忆问题。他还活着的时候，斯奎尔和同事用多种方法测试了他的记忆，发现他的记忆有诸多方面的问题。R. B. 智力完好——事实上，他的智商有 111 分，高于平均水平。然而他对新材料的记忆能力受到了严重的损伤。例如，当向他呈现一篇散文时，他可以在读完以后立即将故事中的细节复述出来，但 20 分钟后，他就几乎无法再记起任何细节了。R. B. 能够清楚地意识到自己的记忆问题，就像斯奎尔及其同事所描述的那样，“他

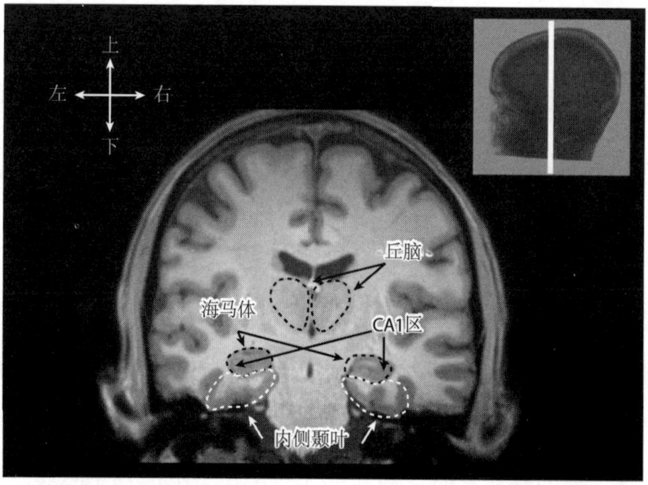

图 1.1　这是我大脑的磁共振成像（MRI）扫描图，它呈现了陈述性记忆系统的解剖结构，图中标明了海马体（包括 CA1 区）、内侧颞叶和丘脑的相对位置。右上方的小图显示了这个切面在我脑部的大致位置，就在耳朵前面。

解释说，对于过去发生了什么事，他需要反复向他的妻子询问。如果某天他和孩子通过电话，第二天他就什么也想不起来了”。[1]

R. B. 去世时捐出了自己的大脑用于科学研究，这样一来，斯奎尔和同事就能够更详细地观察他的大脑是如何受损的。R. B. 的大脑整体上看来很健康，但是当研究者使用显微镜观察时，发现他的海马体中一个叫作 CA1 的特定区域受到了损伤。大脑的这一微小区域中包含大约 1600 万个神经元，听起来似乎很多，但它们在人脑中的近 1000 亿个神经元中只占了极小的一部分。尽管如此，这些神经元的损伤却足以让 R. B. 产生持久和严重的记忆问题，而他的其他认知功能却保持完好。

从 20 世纪 60 年代开始，人们逐渐清楚地认识到，虽然海马体损伤可能会导致个体想不起来过去发生的事，但不会影响他其他的学习能力。率先提出这一发现的是布伦达·米尔纳（Brenda Milner）和苏珊娜·科金（Suzanne Corkin），她们研究了一个名叫亨利·莫莱森（Henry Molaison）的人，更广为人知的是他姓名的缩写 H. M.。H. M. 曾患有严重的癫痫，当时没有任何药物可以治疗，只能进行手术，但在接受了癫痫手术后，他开始变得健忘。外科医生切除了他大脑两侧的大部分内侧颞叶组织，这极大地减轻了他的癫痫症状，却让他无法记住手术前几年间发生的事情，未来也不能形成新的记忆。与此同时，科金和她的同事通过与 H. M. 互动发现，他学习其他事物的能力保留得出奇地好。在

《永远的现在时：失忆症患者 H.M. 留给后世的礼物》(*Permanent Present Tense: The Unforgettable Life of the Amnesic Patient H. M.*) 一书中，科金探讨了 H. M. 是如何学习新的运动技能的，比如，他在 1986 年进行髋关节置换手术后学习使用助行器，而且经过练习，他能够学会并正确地使用它。虽然他不能确切地记住自己为什么需要助行器，但当他被问到为什么需要助行器时，他能简单地回答"这样我就不会摔倒了"。

在 20 世纪 50 年代及 60 年代进行的一系列研究中，米尔纳和科金广泛测查了 H. M. 的学习能力。她们发现，尽管他仍然不能有意识地回忆过去，但他能够很好地学习一些运动技能，并在很长一段时间内保持这些技能。这些针对 H. M. 的早期研究为后来几十年中的一系列研究奠定了基础，也促使科金随后对遗忘症患者的学习能力进行了更深入的探索。科金的一个主要研究发现是，遗忘症患者不仅可以学习新的运动技能，还可以学习新的感知和认知技能。我的博士生导师尼尔·科恩 (Neal Cohen)，早年与拉里·斯奎尔一同在加州大学圣地亚哥分校做研究，他们提供了一个非常引人注目的研究例证。在这项具有里程碑意义的研究中，他们考察了个体学习阅读镜像文字的能力，这是一种感知技能 (见图 1.2)。[2] 加拿大心理学家保罗·科勒斯 (Paul Kolers) 在 20 世纪 70 年代开展的研究表明，通过练习，人们阅读镜像颠倒文字的速度会越来越快，准确率也会越来越高，而且他们一旦掌握了这种阅读技能，此能力会持续至少一年。在科恩和斯奎尔的研究中，他们将不常用的单词以 3 个一组的方式镜像呈现给受试者，并测试受试者大声朗读这些单词所花的时间。他们测试了 3 组因不同原因导致遗忘症的受试者，其中一组遗忘的成因堪称恐怖，斯奎尔等在后来的一篇论文中对此做了描述。[3] 一个姓名缩写为 N. A. 的患者，他在美国空军服役期间的一次意外中被一把小型锉刀刺中了脑袋。斯奎尔及其同事对他进行了 MRI 成像检查，发现锉刀损伤了他的丘脑，而丘脑对记忆来说是很重要的脑区，因为它与海马体有着紧密的联系。另一组受试者患有柯萨科夫综合征，这是一种长期酗酒的人因缺乏硫胺素（维生素 B_1）而引起的大脑失调病症，它也会导致丘脑损伤。第三组是一些因慢性抑郁而接受电休克治疗的人，这种治疗结束后，也会引起一段时间的遗忘症状。

capricious bedraggle plaintiff

图 1.2　一个镜像文本的例子。试着在最短的时间内从右往左大声读出这几个单词。

科恩和斯奎尔首先需要确定这些人确实是有遗忘症状的。为此，他们向每个受试者呈现两两配对的 10 对单词，接着对他们进行测试，测试时只给他们呈现配对中的第一个单词，并让他们回忆另一个单词是什么。当完整地看完这 10 对单词 3 遍以后，健康的受试者平均能回忆起 8 ～ 9 个单词。相比之下，遗忘症患者只能回忆起两个，这说明相较于健康受试者，他们的有意记忆能力严重受损。为了测试他们学习镜像阅读技能的能力，科恩和斯奎尔让受试者在 3 天时间里练习阅读镜像颠倒的单词。大约 3 个月后，他们又对这些人进行了测试，看他们的技能保持得如何。结果显示：遗忘症患者在学习如何阅读镜像文本上不存在问题，他们的阅读反应和健康对照组差不多。在 3 个月后的测试中，遗忘症患者依然很好地保持了这项能力，没有表现出技能的丧失，事实上，他们还能够在任务中继续进步。这些结果有力地证明了，即使患者患有遗忘症，也没有影响学习能力。同时，研究结果也清楚地表明了，海马体及其相关的大脑系统并不是学习新技能所必需的。那么问题来了：如果不是海马体，大脑中对习惯和技能至关重要的系统是什么呢？

爬行动物大脑进化的残留

如果上网搜索“蜥蜴脑”（lizard brain），你会发现，它似乎是许多人类深层次问题的根源，搜索结果如：

- 你那 2 亿岁的蜥蜴脑是如何拖你后腿的
- 不要听信你的蜥蜴脑

· 如何打败你的蜥蜴脑
· 让蜥蜴脑安静下来
……

神经学家保罗·麦克林（Paul MacLean）认为，行为的惯性源自爬行动物大脑的进化残留，这一观点最近逐渐流行起来。麦克林在美国国立精神卫生研究院建立了准自然实验室，并花了几十年时间（从20世纪60年代到90年代）在那里研究蜥蜴的大脑和行为。麦克林对哺乳动物的大脑是如何从2亿多年前的爬行动物大脑进化而来的很感兴趣。由于哺乳动物的祖先——类似蜥蜴的生物（兽孔目动物）如今已不复存在，因此麦克林将目光投向了它们现存的近亲：蜥蜴。根据他的描述，我们会看到蓝刺蜥蜴在日常生活中拥有极其习惯化的行为，而我们人类又何尝不是如此：

> 每天清晨，当蓝刺蜥蜴从实验场中的藏身处冒出来时，它都会慢慢地、小心翼翼地向前挪动身体，那样子就像可能会随时被捕食者抓住似的。它继续往前，来到一个它偏爱的晒太阳的地点，在那里，它摆出一个能够让自己最大限度从人造阳光中吸收热量的姿势。一旦身体热起来，达到一个最适宜的温度后，它的下一个动作就是在晒太阳处附近的一个固定的地方排泄。换句话说，与其他哺乳动物一样，它有一

个固定的排便点……排便后，它开始朝着最喜欢的休憩处前进，中途或许会停下来喝点儿水……到达休憩处后，它会做一下简短的特征展示，然后用一种悠闲的姿势，在这片区域内搜寻移动的猎物。它的样子看起来与钓鱼者等鱼上钩的样子颇有几分相似……在一段固定的等待猎物的阶段之后，它会进入一段不活动的午后时光……随着一天的结束，雌性蓝刺蜥蜴开始回到藏身处它最喜欢的地方，接着闭上眼睛，慢慢安静下来，把头埋进一个缝隙里过夜。雄性蓝刺蜥蜴最终也会这样做，但它们通常需要再晒一会儿太阳，占统治地位的那一只比其他蜥蜴吸收热量的时间更长。[4]

麦克林基于自己的研究，提出了“三重脑”的观点，把大脑分成了 3 个主要部分。“爬虫脑”由大脑深处的一些区域组成，这些区域存在于所有的脊椎动物中，包括脑干和基底神经节。麦克林强调了爬虫脑的日常行为和习惯，以及求偶时的鸣叫、展示支配或服从等活动中的作用。麦克林认为，“边缘系统”对哺乳动物而言是一套新结构，它与情感体验有关。“新哺乳类脑”指的是哺乳动物大脑皮质中最发达的部分，它的体积会随着哺乳动物的进化而增大。

当阐述“爬虫脑”在习惯或日常行为中的作用时，麦克林尤其关注基底神经节，为他带来启发的是那些对亨廷顿病患者的研究发现。亨廷顿病是一种遗传模式非常简单的遗传疾病：如果父母中有一方患有这种疾病，那么孩子有 50% 的概率遗传导致该病的基因突变。这种突变是非常强大的——任何有这种突变的人，在他们的一生中一定会发展成这种疾病，通常发病年龄在 50 岁左右。亨廷顿病最明显的症状是无法控制自己的动作，从而导致四肢抽搐、行走不协调，也会伴有精神症状，如精神异常、易怒、抑郁等。亨廷顿病的大脑紊乱是由于一种叫作亨廷顿蛋白的蛋白质在结构上发生了基因突变，这一病症就是因这种蛋白质而得名的。亨廷顿蛋白存在于全身的细胞中，但在大脑的某些部位尤其常见，特别是基底神经节内的神经元中。亨廷顿病的基因突变导致细胞产生亨廷顿蛋白的变异体，这种突变蛋白会使细胞功能异常或过早死亡。

这种疾病最终会攻击大脑的大部分区域，其最早的信号就出现在基底神经节中。事实上，在一项对携带亨廷顿病突变基因的年轻人进行的脑成像研究中，在这些预计 10 多年后才会出现亨廷顿病明显症状的人中，其基底神经节的变化迹象当时就已非常明显了。[5]

为了确立亨廷顿病与丧失习惯和日常行为之间的关系，麦克林用了埃里克·凯恩（Eric Caine）等于 1978 年发表的研究作为证据。[6]例如，一个患有此病的人抱怨说，虽然她知道准备一顿感恩节晚餐所需的所有步骤，但她无法像过去那样做出来；她对如何按顺序执行每个步骤感到困惑。虽然这篇论文的作者从“组织、计划和排序方面存在困难”的角度来看待患者的这些抱怨，但麦克林却将其解读为：丧失了从事惯性行为的能力。

这类例子虽然具有启发性，但并没有直接表明亨廷顿病患者在学习新习惯方面存在问题。受科恩和斯奎尔研究的启发，加州大学圣地亚哥分校的另一组研究人员首次通过实验，测试了亨廷顿病患者学习新技能的能力。由于技能与习惯之间存在紧密联系，因此被试者的这种能力是否受损是可以预测的。玛丽安娜·马尔托内（Maryanne Marton）等使用了与科恩和斯奎尔相同的镜像阅读任务，除了测试患有柯萨科夫综合征的人，他们还测试了亨廷顿病患者。[7]在镜像阅读任务中，他们发现这柯萨科夫综合征受试者和亨廷顿病受试者表现出了几乎相反的缺陷模式。柯萨科夫综合征受试者的表现与科恩和斯奎尔研究中的同类受试者表现相似，他们学习镜像阅读技能的能力相对正常，但很难记住任务中出现的单词。相反，亨廷顿病患者的单词记忆能力相对正常，虽然他们通过练习也能在镜像阅读任务中有点儿收获，但与柯萨科夫综合征受试者或控制组受试者相比，他们的技能学习能力要弱得多。这种情况就是我们所说的“双重分离”（double dissociation），即两组不同受试者在两项不同的任务中表现出相反的正常或受损模式。这种分离状态充分证明了不同任务（镜像阅读和记忆）依赖于不同的大脑系统，这项研究也首次揭示了基底神经节病变的人在技能学习方面存在缺陷。

有趣的是，尽管麦克林关于基底神经节在惯性行为中扮演了重要角色这一观点经受住了时间的考验，但他关于人类大脑有一部分具有“爬行动物”特点的观点，却在很大程度上遭到了神经科学家的反对。后续的研究比较了许多不同脊椎动物（从爬行动物类到鸟类再到哺乳类）的大脑解剖结构，发现它们的大脑构造总体上是非常相似的。[8] 即使是现存最古老的脊椎动物七鳃鳗，也有与哺乳动物类似的大脑结构。

从整体结构上看，爬行动物与人类在大脑结构上并没有本质区别，人脑只是包含更多的组织，以更复杂的方式集合起来。不过，正是这种发展，尤其是前额叶皮质的发展，使人类能够超越其他物种。

大脑里的“中央交换机”

在人类大脑深处有一系列神经核群（成束的细胞集合），称为基底神经节。人类的基底神经节由几个独立的区域组成，包括尾状核、壳核、伏隔核（合称为纹状体），以及苍白球（包括内侧部和外侧部两部分）和丘脑底核，（见图 1.3）。此外，黑质和腹侧被盖区也被认为是基底神经节的一部分，两者都含有能够释放多巴胺的神经元。虽然这些区域分布在大脑中部的不同位置，但它们之间能够通过特定的方式紧密相连。

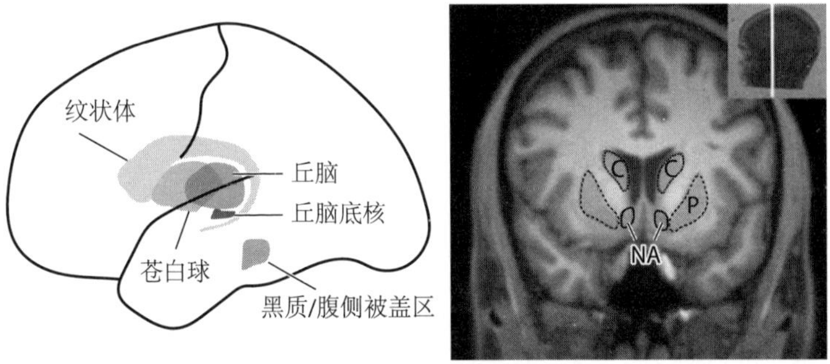

图 1.3 （左）基底神经节不同部位在大脑皮质侧面图中的相对位置。（右）纹状体不同部位的位置，包括尾状核（C）、壳核（P）和伏隔核（NA）。

大量连接从大脑皮质神经元通往基底神经节，与纹状体区域产生联系。重要的是，纹状体的各个部分接收来自大脑皮质不同区域的传入信号：壳核接收来自运动和感觉区的输入，尾状核接收来自前额叶皮质和涉及视觉的颞叶区的输入，伏隔核接收来自处理奖赏和情感的额叶区（以及其他皮质下的区域，如杏仁核）的输入。正是由于这些不同的连接决定了各个部分的功能——伏隔核在成瘾中起着核心作用，而壳核在日常行为中扮演了重要角色。

当来自皮质的传入信号到达纹状体时，它通常与一组特定的神经元相连，这组神经元在显微镜下呈多刺状，而被称为中型多棘神经元（medium spiny neurons）。从这里开始，信号通过基底神经节有两条通路：一条直接通路，一条间接通路。直接通路从纹状体开始，最终到达苍白球，更具体地说，是到达苍白球内部；间接通路是经过基底神经节的一个更迂回的线路，信号从这里传送到丘脑，然后传送回大脑皮质，通常会到达一个接近信号传入起始点的区域。因此，我们把这两种循环叫作皮质纹状体环路（corticostriatal loops）（见图 1.4）。

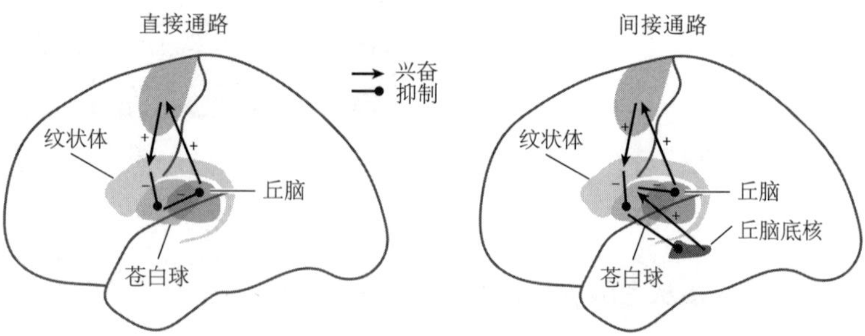

图 1.4　基底神经节环路图，显示了直接通路（左）和间接通路（右）。兴奋性连接用箭头和加号表示；抑制性连接用圆头和负号表示。直接途径有两个抑制步骤，最终导致大脑皮质兴奋；间接途径还多了一个抑制步骤，从苍白球外部到丘脑底核，最终导致苍白球内部的兴奋和大脑皮质的抑制。

让我们看看当信号经过直接通路时发生了什么。为了更清楚地理解这一点，我们需要知道，神经元的区别在于它们对相连的神经元所产生的影响：兴奋性神经元使目标神经元的活动增加，而抑制性神经元使目标神经元的活动减少。稍后我们还将讨论第三类神经元，它们对其他神经元的反应具有调节作用。

当大脑皮质中的一个神经元向纹状体发送一个传入信号时，它会导致接收这个传入信号的中型多棘神经元更加活跃，这是因为皮质中的神经元是兴奋性的。事实上，几乎所有从大脑的一个区域向另一个区域发送信号的神经元都是兴奋性的。纹状体中接收传入信号的中型多棘神经元是抑制性的，这意味着当它们放电时，会导致苍白球中的目标神经元活动减少。苍白球中的神经元也是抑制性的，当它们放电时，会抑制丘脑中目标神经元的活动。在动物休息时，苍白球中的神经元会以每秒 60 ~ 80 次的速度放电[9]，这种持续（或“紧张性”）抑制使丘脑中的神经元大部分时候都保持沉默，这样它们就不能使大脑皮质中位于环路末端的目标神经元兴奋。注意这里发生了什么：我们有两个连续的抑制性神经元，这意味着第一个神经元（纹状体中的中型多棘神经元）传入的信号将减少第二个神经元（位于苍白球中）的持续抑制，最终导致丘脑和大脑皮质兴奋。这就好比把两个负数相乘，得到一个正数。因此，直接通路的刺激作用是通过让环路末端的皮质产生兴奋活动从而引发一个行为或想法。

基底神经节间接通路的作用正好相反——通过抑制大脑皮质中位于环路末端的神经元，从而停止了行为和想法。间接通路的起始阶段与直接通路非常相似，有一个从纹状体到苍白球的连接，但连接点在苍白球的外部。接着，苍白球向外发送抑制信号到一个叫作丘脑底核（STN）的区域。丘脑底核向苍白球内部发送一个兴奋性输出，这与直接通路中第二个抑制阶段类似。当这个抑制阶段开启以后，丘脑底核活动所产生的作用就会是抑制丘脑和大脑皮质的整体活动。这样一来，通过在环路中增加一个步骤，间接通路中的活动就产生了抑制行为和思想的作用。

从大脑皮质传入纹状体的信号是如何知道该走哪条通路的呢？事实证明，纹状体中不同组的中型多棘神经元会将信号传递到直接通路或间接通路，而这两组神经元的主要区别之一与人人都喜爱的一种神经化学物质有关：多巴胺。

复杂的多巴胺

多巴胺似乎无处不在。科学记者贝瑟尼·布鲁克夏尔（Bethany Brookshire）在2013年的一篇博客文章中完美地捕捉到了这一点：

> 人们喜欢描述大脑中“充斥着化学物质”，但有一种化学物质——多巴胺，似乎总能脱颖而出。它是我们所有罪恶行为和秘密欲望背后的分子：多巴胺是爱，多巴胺是欲望，多巴胺是婚外情，多巴胺是动机，多巴胺是注意力，多巴胺是女性主义，多巴胺是上瘾。
>
> 天啊，多巴胺太忙了。

你一定在大众媒体中读到过“多巴胺”这个词，事实上，这是一种最受喜爱的神经递质，在媒体中它常常被描绘成一种“快乐激素”。多巴胺似乎与任何事物都有关系，从爱到成瘾，但这其实是很多人对多巴胺在大脑中扮演的许多复杂角色的误读。

首先，让我们来看看多巴胺从何而来，它的作用是什么。大脑中绝大多数的多巴胺都产生于大脑深处的两个小核团：黑质（更具体地说，产生于这个区域中一个叫作致密部的部分）和腹侧被盖区（见图 1.5）。[10] 这些神经元向大脑的大部分区域发送投射，但对基底神经节的投射尤其强烈。大脑中多巴胺能神经元的数量很少——人脑中大约只有 60 万个多巴胺能神经元[11]，但它们却影响着我们思想和行为的几乎所有方面。多巴胺是一种神经调节递质，它不会直接引起受其影响的神经元的兴奋或抑制。它的作用是调节信息传递的效率，增强或削弱神经递质的效应，就像吉他扩音器上的音量旋钮，其作用是调节吉他发出的声音对扬声器音量的影响。此外，大脑会因经验而发生变化（神经学家称之为可塑性），我们将会看到，多巴胺在这个过程中也起着关键作用。

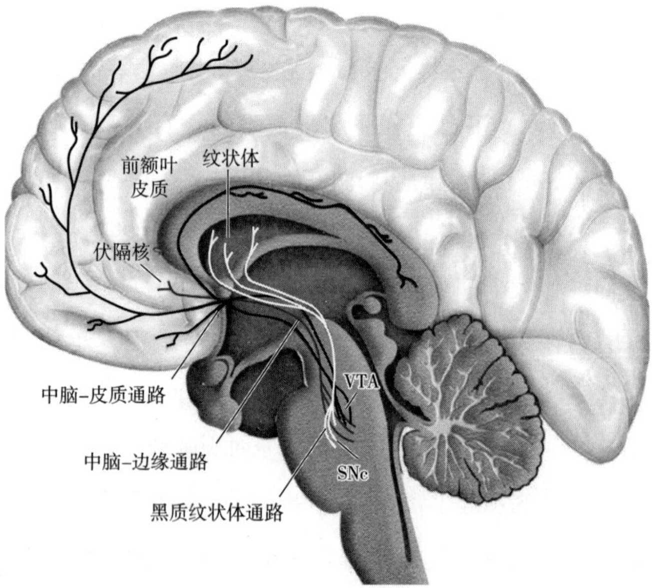

图 1.5　产生多巴胺的神经元位于大脑深处，位于黑质致密部（SNc）和腹侧被盖区（VTA）内。这些神经元将输出信号广泛传送到整个大脑，其中很大一部分传送到了纹状体。（图片由阿里亚斯 - 卡里翁等提供）

多巴胺的另一个复杂之处在于神经元上存在不同类型的多巴胺受体。其中一些受体会增强神经元的兴奋性（类似于调高音量），另一些受体会减弱神经元的兴奋性（类似于调低音量）。单个神经元倾向于表达（产生受体并将它们置于细胞表面）这两种多巴胺受体中的一种。对直接及间接通路中中型多棘神经元的研究表明，直接通路中的神经元主要是增强兴奋性多巴胺受体，而间接通路中的神经元主要减弱兴奋性多巴胺受体。多年来，这一区别一直备受争议，但一套新的神经科学技术——光遗传学（optogenetics），为这一区别提供了强有力的证据。

加州大学旧金山分校的亚历克塞·克拉维兹（Alexxai Kravitz）和阿纳托尔·克里泽（Anatol Kreitzer）进行了一项里程碑式的研究，他们测试了不同类型的多巴胺受体在基底神经节通路中的定位，方法就是用光遗传学技术来激活小鼠纹状体神经元，这些纹状体神经元表达了增强或抑制。他们还研究了这种激活对小鼠行为的影响。[12] 表达增强受体的纹状体神经元位于直接通路中，因此，激活它们应该会使小鼠的活动增多。当克拉维兹和克里泽激活表达增强受体的神经元时，他们发现小鼠在笼子里走动的时间更多，而静止不动的时间更少，这与这些神经元驱动大脑皮质活动增强的观点是一致的。当他们激活表达抑制受体的神经元时，情况正好相反——小鼠待在原地的时间更长，而在笼子里走动的时间则更少。这样的结果进一步证实了不同类型的神经元具有不同的作用，有的会导致行为的发生，有的会阻止行为的发生。

有了这些背景知识，我们现在就可以理解为什么亨廷顿病会导致出现动作不受控的症状。由于一些原因，亨廷顿病对间接通路神经元的影响远早于对直接通路的损害。在健康的大脑中，动作会受到间接通路的抑制，而在亨廷顿病患者的大脑中，这一通路受到了破坏，平衡被打乱，而这对直接通路是有利的，因此会导致动作不受控制。再来看一下帕金森病的情况，这是一种比亨廷顿病更常见的神经系统疾病。帕金森病在某些方面表现出与亨廷顿病相反的症状：动作迟缓、姿势僵硬和震颤。帕金森病的主要致病原因是黑质多巴胺能神经元的变性死亡。这些神经元的死亡导致了大脑中多巴胺的缺乏，而多巴胺会抑制间接通路中表达抑制受体的神经元的活动，因此，多巴胺缺乏导致了间接通路的活动增加。相反，由于多巴胺会增加直接通路中增强受体神经元的活动，因此，多巴胺缺乏就导致了直接通路的活动减少。这就表明，为了实现健康的大脑功能，这两个通路的活动必须达到一个平衡状态。

可塑的大脑

多巴胺在大脑中还有许多不同的作用，其中之一是它在习惯形成过程中所起的核心作用——调节大脑中变化的基本机制，即突触可塑性（synaptic plasticity）。为了理解突触可塑性，让我们来看看当一个神经元与另一个神经元交流时会发生什么。

假设皮质中有一个神经元将信息投射到纹状体的一个中型多棘神经元上，皮质神经元会产生一个动作电位，导致兴奋性神经递质从位于轴突末端的小泡中释放出来，轴突末端与纹状体中的神经元相连。这些神经递质分子会被释放到一个位于轴突与纹状体中目标神经元之间的开放空间中，这个开放空间称为突触（synapse）。释放后，神经递质分子漂浮在突触的间隙中，其中一些分子与突触另一端神经元表面的受体接触。当这种情况发生时，它们会引起神经元的电变化，最终导致目标神经元产生自己的动作电位。重要的是，有许多不同的原因可以解释为什么一些特定的神经元在引发动作电位时会比其他神经元的影响更大：可能因为它们能释放更多的神经递质，也可能因为它们有更多的突触，或者它们有更大的突触等。此外，还有一种可能性是下游神经元的表面有更多的受体。突触可塑性是指经验使突触强度发生变化的过程，一些神经元在激活其他神经元时相应地变得更强或更弱。这种可塑性被认为是学习的关键。[13]

多巴胺并不直接导致突触可塑性，但它在调节可塑性方面起着关键作用，称为三因素规则（three-factor rule）（见图 1.6）。可塑性最常见的一种形式是当一个神经元快速连续地引起另一个神经元放电，其突触传递效能就增强了。这种以神经科学家唐纳德·赫布（Donald Hebb）的名字命名的赫布可塑性（Hebbian plasticity），通常被描述为“一起放电的神经元连接在一起”。在大脑的某些区域，包括纹状体，这一概念有略微修改，以满足三因素规则：“在多巴胺的存在下，一起放电的神经元连接在一起；在没有多巴胺存在时，一起放电的神经元会断开连接。”这 3 个因素是：传入神经元的放电，随后目标神经元放电，以及多巴胺的存在。在这种方式下，多巴胺就像是一扇通向新行为（包括习惯）发展的大门。

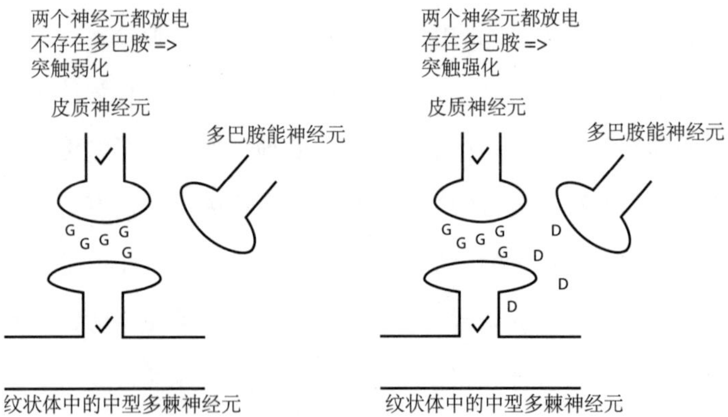

图 1.6　三因素可塑性规则示意图。在该图中，多巴胺调节纹状体中的突触可塑性。皮质神经元释放谷氨酸（G），导致纹状体神经元放电。突触的变化取决于多巴胺（D）是否存在；如果多巴胺存在（右图），那么突触得到强化，如果多巴胺缺失（左图），突触则会弱化。

塑造“奖励”的多巴胺

沃尔夫拉姆·舒尔茨（Wolfram Schultz）是一位德国神经科学家，他一直试图理解多巴胺，他的工作成为解开多巴胺释放之谜的关键。他的研究包括记录猴子大脑中释放多巴胺的神经元的活动，并尝试理解它们放电的机制。长期以来，多巴胺都与奖励联系在一起。早前的研究表明，如果在大鼠大脑中放置一个电极，刺激多巴胺释放，大鼠几乎会做任何事来获得这种刺激。舒尔茨早期对猴子进行的研究证实了，奖励事件确实会引起猴子大脑中多巴胺能神经元的活动。然而，他注意到一个现象，这可能会颠覆我们对于多巴胺角色的认知。当猴子被给予一个意料之外的奖励时，多巴胺能神经元就会放电。接着，舒尔茨测试了一种情境，即猴子在获得奖励之前首先接收到一个信号（一束闪光）。[14]在实验刚开始时，猴子还不知道光束是奖励之前会出现的东西，此时它的多巴胺能神经元不会放电，直到奖励出现才会放电。然而，猴子一旦知道了光束出现后会有奖励，多巴胺能神经元就会在光束出现后马上开始放电，而在奖励出现时则不放电。而且如果预期的奖励在光束之后没有出现，则多巴胺能神经元的活动就会下降到基线水平以下。这说明多巴胺能神经元并不是严格意义上的对奖励敏感，而似乎是对世界与我们预期不一致的情况敏感，这一概念称为奖励预测误差（reward prediction error）（见图 1.7）。

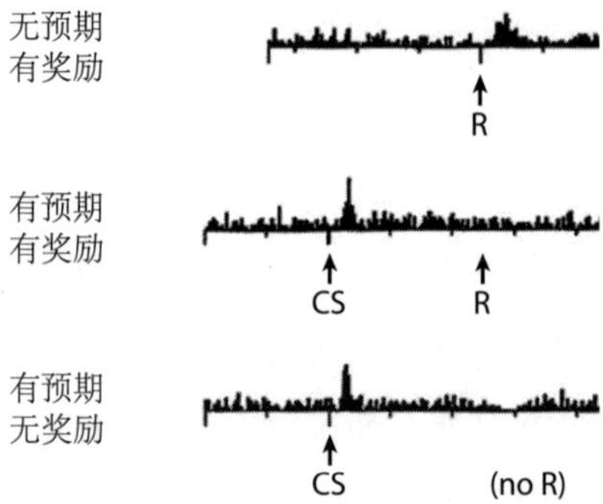

图 1.7　多巴胺能神经元奖励预测误差信号的演示。每张图显示了多巴胺能神经元在一段时间内的活动。上图显示了多巴胺能神经元对意外奖励的反应（R）。中图显示了多巴胺能神经元对预期奖励的“条件刺激”（CS）产生反应，而对预期奖励本身缺乏反应。下图显示了当预期的奖励没有出现时，由于消极的预测误差而导致的活动抑制。（改编自舒尔茨等）

这一发现至关重要，因为它有助于将多巴胺与计算机科学和心理学的一系列观点联系起来，促使我们用当今主流的计算框架来理解多巴胺的作用。在计算机科学领域，研究人员一直对如何构建经验学习的系统感兴趣。这一领域如今被称为机器学习（machine learning），它是我们自身的许多自动化系统的基础。机器学习中有一个领域叫作强化学习（reinforcement learning），大意是通过“尝试 - 错误”的过程来进行学习的。强化学习理论的一个基本观点是：学习应该基于我们的预期与我们的实际经历结果的匹配程度。也就是说，这个世界和我们预期不一样的地方，就是我们需要学习的地方。大多数强化学习理论认为，做决定者基于他所有可能采取的行动的预期价值来做出一个行为，随后通过观察结果（输或赢），利用这一信息去更新下一轮的预期。重要的是，我们并不是利用输或赢的绝对次数来更新预期，而是用预期和观察结果之间的差异来更新预期。在舒尔茨等的研究中，这种差异就是多巴胺所代表的预测误差信号。实验证明：多巴胺可以通过强化学习的计算机科学来进行理解，这项研究提供了一个在大脑决策中非常有用的计算框架。

爱因斯坦曾开玩笑说，科学理论应该尽可能简单，但不能过于简单。就此而言，尽管奖励预测误差理论成功地解释了多巴胺功能的许多方面，但它可能过于简单化。伊拉娜·威滕（Ilana Witten）是普林斯顿大学的一位神经科学家，通过研究小鼠，她希望理解多巴胺功能的各种复杂细节，并且她也找到了可用于研究小鼠大脑的强大技术。为了记录小鼠进行复杂行为过程中的多巴胺能神经元活动，威滕与另一位普林斯顿大学的教授大卫·汤克（David Tank）合作，开发了一种可用于小鼠的虚拟现实系统。在这个系统中，小鼠被置于一个小球上（有点儿像乒乓球），它的头部用一个小型金属头盔固定，头盔中不断向小鼠播放沉浸式视频，使它在小球上跑步。头盔能够很好地将头部固定在适当位置，通过一种叫作钙离子成像（calcium imaging）的技术，用一台小显微镜就能在小鼠做各种行为时记录下它的大脑神经元活动。这使得研究人员能够确定多巴胺能系统中的神经元活动是如何与动物行为的许多不同方面相联系的，而不仅限于奖励预测误差。

2019 年，威滕发布的研究结果表明：多巴胺能神经元的活动方式比我们之前认为的要复杂得多。在一个十分简单的游戏中，小鼠从一个虚拟走廊上跑下来，接着向左或向右跑到走廊尽头。如果转到了正确方向，就会喝到一口水（这对口渴的小鼠来说是一个相当大的奖励），而如果转到了错误的方向，就会听到嗡嗡的蜂鸣声，然后不得不原地等待 2 秒钟。当小鼠在走廊上奔跑时，它会看到走廊两边有虚拟的“塔”，这给了它一个线索，暗示它走哪一边会获得奖励；哪一边的塔越多，奖励就越有可能出现在那一边。小鼠学会了这一点，通过练习，它们转向某一边的可能性与那一边塔的占比非常接近。参与实验的共有 20 只小鼠，威滕记录了这些小鼠玩游戏时大脑中 300 多个多巴胺能神经元的活动。

如果奖励预测误差理论是正确的，那么多巴胺能神经元应该只在意外奖励出现时以及可以预测奖励时才会放电。为了验证这一点，威滕与纳撒尼尔·丹（Nathaniel Daw）教授进行了合作研究。丹教授是研究多巴胺信号与学习的关系的世界顶级专家之一。研究团队建立了一个统计模型，用这个模型他们可以测试多巴胺能神经元如何对小鼠在游戏体验中的不同方面做出反应——从小鼠在走廊上的位置，到它能够跑多快，再到它在之前的尝试中是否获得了奖励。研究团队发现，多巴胺能神经元对游戏的不同方面都有反应。有充分的证据表明：许多多巴胺能神经元的反应与奖励预测误差理论的预期一致，但这并非导致它们做出反应的唯一因素。威滕的研究已经开始向我们展示出多巴胺到底有多复杂。

你想要什么，多巴胺比你更清楚

当谈到科学上流行的错误观点时，荣登榜首的或许就是多巴胺和快乐之间的关系。多巴胺与快乐有关这当然是有道理的，毕竟已有研究证明了，动物会自我刺激多巴胺能系统，直到筋疲力尽。它们一定是觉得快乐所以才这么做的吧。然而，有时候显而易见的答案恰恰是错误的。大脑的神经化学系统非常复杂，在过去的 20 年里，一个重要的发现就是多巴胺并非直接负责产生快乐的化学物质。多巴胺的作用似乎集中在动机上——或者就像神经科学家肯特·贝里奇（Kent Berridge）所说，是“想要”（wanting），而不是“喜欢”（liking）。

约翰·萨拉蒙（John Salamone）是康涅狄格大学的一名神经科学家，他致力于研究大鼠的动机——主要是通过操纵大鼠的大脑化学物质，试图把它们变成电视迷。为此，他使用了一种实验装置，让大鼠在不需要额外努力就能吃到少量食物和爬过障碍物后能吃到大量食物之间做出选择。

当面临选择时，大鼠通常都会爬过障碍物去获取更多的食物。然而，在一些实验中，萨拉蒙发现，干扰多巴胺会使大鼠更有可能选择少量的无须努力就能获得的食物。这并不是因为多巴胺被扰乱后大鼠就爬不过障碍物了，如果让它们在攀爬后给予食物和不攀爬也不给食物之间做选择，它们一定会选择前者。这样看来，多巴胺被扰乱后似乎只是降低了大鼠为食物而努力的意愿。

萨拉蒙的研究与神经科学家肯特·贝里奇和特里·罗宾逊（Terry Robinson）的一系列观点相吻合，他们的论述非常有说服力，他们认为多巴胺的作用是激励显著性（incentive salience）：多巴胺并不会决定机体对奖励的喜爱程度，而是提供一种信号，告诉你机体想要获得某种奖励的程度，以及你应该付出多大努力去得到奖励。

就多巴胺在动机中的复杂性而言，其中一个表现就是，它在大脑中广泛释放，在不同的接收脑区里，它的影响是不同的。例如，将纹状体运动部分的多巴胺阻断，会降低动物的整体身体活动水平。伏隔核（纹状体的一个部分，与大脑中涉及情绪的其他部分联系紧密）中的多巴胺受体似乎在激励动机中起着核心作用，但它的角色很复杂。阻断伏隔核中的多巴胺不会干扰基本的食欲，也不会干扰进食的快乐，但会干扰动物进食的意愿，即它们是否愿意做出获取食物的行为，或者是否愿意为了获得更多食物而进行额外的努力。

尽管多巴胺对动机很重要，但奖励的快乐信号似乎是由大脑中的其他神经递质系统发出的，包括阿片受体（阿片类药物如海洛因的作用靶点）和大麻素受体（大麻中活性成分的作用靶点）。最有名的证据来自肯特·贝里奇的研究，他研究了在阻断大脑中的多巴胺或阿片类神经递质后大鼠的“快乐反应”（比如，为了获得甜食而舔嘴唇或爪子，或面对苦味食物时摇头）。他发现，阻断多巴胺不会减少动物的快乐反应，而阻断阿片类神经递质则会。这些结果与许多关于纳曲酮作用的报道一致。纳曲酮是一种阻断阿片类物质作用的药物，通常用于治疗酒精成瘾。一些研究检测了纳曲酮对性、赌博、安非他命类药物的使用等方面的影响，这些研究普遍发现，纳曲酮减弱了个体从这些方面获得的愉快感。

行动的选择

在任何特定的时间点上，一个人可能做出的行动几乎是无限多的。即使是一个简单的动作都有很多种方式，比如，拿起一个咖啡杯：可以快速拿起、缓慢拿起、平稳拿起、摇摇晃晃地拿起、直接拿起、兜着圈拿起……要理解我们为什么做出某个行动，一个重要的问题是，当我们选择一种行动时，我们的目标是什么？一方面，我们希望从行动中获得最大的奖励，这种奖励可以是喝一口咖啡而不让咖啡洒出来，也可以是从游戏中赢得最多的筹码。另一方面，我们希望将行动的成本降至最低，无论是在体力、脑力还是在时间。我们可以拿起咖啡杯，把它举过头顶 5 次，然后放到嘴边，但是没有人会真的那样做，因为这可能会让咖啡洒出来，而且会增加体力和时间成本。基底神经节和多巴胺能系统似乎在计算中扮演着核心角色，帮助我们决定在特定的时间点做什么以及如何去做。

神经科学家彼得·雷德格雷夫（Peter Redgrave）曾在 1999 年提出，基底神经节是行动选择的“中央交换机”。[15] 该理论认为，大脑皮质向基底神经节发送代表潜在行动的信号。这一理论的提出是基于我们之前提到过的苍白球内强烈的紧张性抑制。假设一个人需要在两种可能的行动中做出选择（比如，伸手拿一块蛋糕或一根胡萝卜）。每一个潜在的行动都会由一个信号来代表，这个信号从大脑皮质发送到基底神经节。在信号到达之前，基底神经节的紧张性抑制会抑制一切行动。当这两个信号到达纹状体时，它们通过直接和间接通路的活动相互竞争，最终其中一个行动被直接通路选中并得到执行。

多年来，这一模型在很大程度上仍然是一种推测，但近年来，神经科学方法的进步已经开始为这个模型提供直接证据。罗伊·科斯塔是哥伦比亚大学的一名神经科学家，他的研究为了解行动选择在基底神经节中如何进行提供了证据。他在研究中采用了光遗传学技术，使得研究人员能够识别纹状体中的任何单个神经元属于哪条通路，然后分别测量两条通路中这些神经元的活动。在实验中，他们教小鼠执行一系列按压杠杆的动作。经过练习，小鼠可以按得很快。科斯塔发现，直接和间接通路的神经元在系列行动的开始阶段都变得很活跃，这或许反映了不同的可能行动之间的竞争。然而，一旦系列行动开始，就只有直接通路的神经元仍然保持活跃。在系列行动的最后，间接通路的神经元再次变得活跃，这表明在结束一个复杂行动时，这些神经元也参与了。[16]

本章提到的这些研究向我们展示了，基底神经节是大脑里习惯学习的中心，而多巴胺在建立新习惯的过程中扮演着关键角色。我们可以从中看到这些机制是如何使一种习惯变得根深蒂固的。例如，给大鼠提供两个杠杆，它可以选择去按压，但只有一个杠杆会提供食物颗粒作为奖励。刚开始，按压两个杠杆的行动价值大致相等，因为大鼠并不知道哪一个会带来奖励（实验室动物在类似的环境中待久了，通常都会知道杠杆是用来按压的）。大脑皮质会向纹状体发送对应于按压每一个杠杆的指令，其中一个会在纹状体中获胜。比如大鼠可能在过去学过，右边的杠杆更有可能提供奖励，所以它可能就会选择右边的那一个。如果它得到了食物，那么这个意外的奖励就会导致多巴胺的释放，多巴胺会通过三因素规则强化大脑皮质和纹状体之间的连接，从而使大鼠去按压那个特定的杠杆。这种连接的增强将使皮质神经元更有可能在下一次引起纹状体神经元放电。如果大鼠没有得到食物，那么就会导致连接强度的下降。这种连接强度的变化使得下次大鼠在面对同样的选择时，得到了奖励的那种行动更有可能胜出，随着时间的推移，这种行动就逐渐固化成了一种习惯。

下一章我们会转向本书中最核心的问题之一：为什么习惯会如此顽固？

第二章
习惯认知框架：从目标导向到无意识行为

2008 年，我和妻子去新西兰旅行，从南岛的基督城开始，一路北上。我们租了一辆车，开始向北行驶，穿过美丽的山区地带，在那里有很多羊（比人或车还多）。在新西兰，汽车要行驶在道路左侧，这是我作为一个美国人需要特别注意的，但几天以后我就习惯了。有一天，我们在一条山路上遇到道路施工，这使得路变成了一条单行车道（从我们的方向看是右侧车道）。这条单行车道持续了很长一段，然后在施工点的尾端突然变回了双向车道——但我没有注意到，我继续行驶在道路右侧。这样开了几英里，然后我遇到一辆迎面驶来的车。幸运的是，这条路上弯道很多，我们都开得很慢，避免了迎头相撞。但这一经历表明，习惯是多么顽固，它很容易反弹，即使这会将我们置于危险之中。

并不是每个人都像我在新西兰那条弯曲的山路上那样幸运，

尤其是在习惯性地使用成瘾性药物方面。菲利普·塞默·霍夫曼（Philip Seymour Hoffman）是一位备受欢迎的电影演员，曾获得2005年奥斯卡最佳男演员奖，除此之外，他还身披许多其他荣誉。在大学期间，霍夫曼曾滥用毒品和酒精，之后他参加了戒疗计划，并且20多年来一直保持清醒。然而，在2013年，由于个人生活出现了问题，他无法逃避迎面而来的冲突，霍夫曼旧习复发。尽管他再次尝试去参加戒疗，但不到一年，他就因过量吸食多种毒品而身亡。要理解一个人在坚持了这么久以后为什么会重新陷入毒瘾，我们需要先搞清楚习惯如此顽固背后的原因。

旧习惯从未真正消失

在前文中，我们知道了大脑必须决定什么时候保持稳定，什么时候需要变化，这就是所谓的稳定性-可塑性困境。佛蒙特大学的科学家马克·鲍顿（Mark Bouton）的研究揭示了大脑解决这一困境的策略。鲍顿花了20年的时间试图了解旧习惯常会复发的原因，他在大鼠身上研究这个问题，所用的方法与迪金森所用的方法非常相似。鲍顿研究的现象有几个不同的名称——自发复苏（spontaneous recovery）、恢复（renewal）、复原（reinstatement）、再现（resurgence）——但所有这些似乎都反映了一种共同的效应，即早期习得的习惯似乎在已经消失后又复仇般地卷土重来。

唤起大鼠的旧习惯是相当简单的。首先训练大鼠为获得食物而执行特定的行为，如按压一根杠杆（我们称其为杠杆 A）。然后训练大鼠执行不同的行为（比如，按压一根不同的杠杆 B）来获得食物，这时，原有的行为就“熄灭”了，这意味着大鼠不再因为按下杠杆 A 而获得奖励。大鼠很快就学会了按压杠杆 B 并停止了按压杠杆 A。如果实验者在大鼠按压杠杆 B 的时候停止了奖励，那会怎样呢？如果按下杠杆 A 的原有习惯已被完全废除，那么最大的可能性就是大鼠什么都不会做，因为按下任何一个杠杆它都不会得到奖励。相反，如果按压杠杆 A 的原有习惯仍然潜伏着，那么我们就会预期，一旦按压杠杆 B 的行为消失，它就会重新出现。事实的确印证了后一种假设：一旦大鼠不再因按下杠杆 B 而获得奖励，它一定会再次去按压杠杆 A。这只是鲍顿等人的诸多研究之一，这些研究表明，无论经历何种情况，最初习得的行为都会在幕后保持活跃，等待时机再次出现。

鲍顿关于旧习再现以及相关现象的研究巩固了这样一个观点：当我们用一个新行为取代一个旧行为时，我们实际上并没有忘记原有的行为——相反，我们积极地抑制原来的行为，以便使新的行为出现。鲍顿的研究还说明，相比原有的习惯，这种抑制性学习与学习环境的关系更为密切，这一观点对治疗许多涉及习惯性思维或行为的障碍有着重要影响，包括恐惧症、创伤后应激障碍、强迫症，等等。目前，对这些障碍最常见的治疗方法之一是暴露疗法：让患者逐渐暴露在最令他们恐惧的事物之下。米歇尔·克拉斯克（Michelle Craske）是加州大学洛杉矶分校的一位心理学家，她研究了焦虑障碍的治疗方法。2002 年她发表了一篇论文，陈述了她和同事治疗一组患有蜘蛛恐惧症的大学生的过程。[1] 在大约一小时的治疗过程中，学生们从站在蜘蛛旁边，到戴着手套触摸它，到最终能够让它在自己手上爬行。这种治疗非常有效，大多数学生在治疗结束时都能让蜘蛛在自己手上爬。有一个重要的细节是：这里的暴露疗法包含两种不同的情境（不同的治疗地点以及其他细节上的不同），每个学生被随机分配到两种情境中的一种当中。学生们在一周后回来，并接受治疗效果测试。一些学生接受测试的环境与他们最初暴露的环境是相同的，而另一些学生则在不同的环境下接受测试。尽管与治疗前相比，两组患者在接受暴露疗法一周后对蜘蛛的恐惧都大大降低了，但克拉斯克和她的同事发现，改变环境会减弱治疗效果——那些在同一间屋子里接受治疗与测试的学生比那些在不同环境中接受治疗与测试的学生表现出了更少的恐惧。

这样的一些结果，为理解习惯的顽固性提供了另一条线索。对于稳定性 - 可塑性困境，习惯系统的解决方法是假设世界不变，因此无论习惯最初如何形成（对特定刺激的反应），习惯系统都会认为它反映了这个世界的持久结构。因此，当一种习惯形成后，它就会成为一种默认的行为，并在不同的情境中表现出来。任何旨在取代默认习惯的后续学习都与学习环境密不可分，这意味着当个体进入一个新环境时，最初的默认习惯很有可能重新回来。这对我们如何克服习惯具有一些重要的启示作用，即通过在多种环境中实施暴露疗法，可以增强治疗的效果。

向无意识过渡

咬指甲是最常见的不良习惯之一，接近半数的孩子和大约20% 的年轻人都有这种行为。就习惯而言，咬指甲当然不是最糟糕的，尽管它会损害指甲，还会导致牙齿问题。我之前一直有咬指甲的习惯，直到我的妻子告诉我，指甲里到底住着些什么样的细菌。就像其他许多动作习惯一样，咬指甲的一个显著特点是，一个人常常意识不到自己在咬指甲。要解释这一现象，我们可以看看随着时间的推移，习惯是如何在大脑中形成的。

为了理解这一点，我们首先需要更深入地了解基底神经节的结构。在前文中我们提到过，纹状体通过"皮质纹状体环路"与大脑皮质相连。这些环路有两个方面对于理解习惯是如何形成的非常重要。首先，这些环路是特定的，信号返回大脑皮质的位置与大脑皮质向纹状体发出信号的位置相同。其次，基底神经节的不同部分接收来自额叶不同部分传入的信号，但这些传入不是随机的：皮质的特定区域将它们的连接发送到基底神经节的特定区域。这一点很重要，因为正如前面提到过的，前额叶皮质的不同部分涉及不同的功能。额叶后部称为运动皮质，与运动的产生有关，它对基底神经节的投射主要指向纹状体壳核部分。前额叶的背外侧皮质与高级认知功能有关，如计划或在工作记忆中存储信息。背外侧前额叶皮质的投射区为基底神经节更靠前的部分，即尾状核。最后，位于眼睛上方的眶额皮质主要参与情绪和社交功能（通常称为“情感”功能），它的投射区为基底神经节的伏隔核。

现在我们所知道的是，基底神经节的不同部分是以不同的方式在参与习惯的形成。之前的研究对大鼠基底神经节的不同部分进行了探索，来自加州大学洛杉矶分校的亨利·尹（Henry Yin）、芭芭拉·诺尔顿（Barbara Knowlton）和伯纳德·巴莱（Bernard Balleine）于2004—2005年发表的一系列研究表明，基底神经节的不同部分确实在习惯形成中扮演了不同的角色，比如，按下按钮获取食物（也许还包括咬指甲）。马克·帕卡德（Mark Packard）早年的研究指出，大鼠基底神经节中类似于人类大脑壳核的部分对于运动习惯的发展确实是必要的。然而，与人类尾状核类似的部分实际上参与了目标导向的学习。尹和诺尔顿随后发展了一个框架来理解习惯学习是如何在大脑中进行的。[2]它始于目标导向的学习，首先涉及“认知的”皮质纹状体环路，该环路连接背外侧前额叶皮质和尾状核。随着时间的推移，涉及运动皮质和壳核的“运动”环路开始学习习惯，并最终取代认知环路。

从认知环路到运动环路的过渡，依赖于纹状体与多巴胺能系统连接的特定方式。多巴胺能神经元的主要输入来自纹状体，这个投射具有与皮质纹状体连接非常相似的环路结构——这些投射有特定的地形学组织，纹状体附近的部分纤维投射到附近的多巴胺能神经元（并接收来自附近多巴胺能神经元的投射）。但这里有一点儿旋转，或者用神经解剖学家苏珊娜·哈伯（Suzanne Haber）的话来说，是“螺旋”（spiral）。纹状体的部分投射到多巴胺能神经元上，多巴胺能神经元又回过来与纹状体相连，但它们也向投射到运动系统附近区域的神经元发送一些传入信号，这样，纹状体和多巴胺能神经元之间的连接组织看起来就像一个朝向运动系统的上升的螺旋。这意味着，纹状体神经元作为认知环路的一部分，会向多巴胺能神经元发送一些传入信号，多巴胺能神经元最终将它们的传出信号发送到运动环路。尹和诺尔顿指出，多巴胺能系统的这一特征允许认知系统通过发送多巴胺信号来调节运动环路的可塑性，从而逐渐将运动习惯固化。当习惯在运动系统中变得根深蒂固时，它就不那么容易被认知系统检测到了，这就会使我们可能完全意识不到自己的行为。

习惯由行动序列构成

平时你可能并不太留意系鞋带这件事，然而，你是否记得你在小时候第一次学系鞋带时的情况？每绕一个圈、每打一个结都需要耗费你的注意力，但现在，你可以不假思索地完成这些。这突出了习惯的另一个重要方面，即它通常由一系列行动组成，而不是某个单一的行动。

如果我们去观察人们在执行习惯时的“行动失误”，这一点就会变得很明显。心理学家詹姆斯·里森（James Reason）让一些人连续两周记录自己的行动失误，结果发现，在这段时间里，平均每个人出现的失误次数为12次。他指出了许多不同类型的失误，但最有趣的是一种失误形成了习惯，并干扰了另一个目标。要想打断习惯是很难的，比如，几乎所有人都有过这样的经历：“我打算开车去X广场，但后来我‘清醒过来’，却发现自己在去往Y广场的路上。”另一个例子是，习惯化的行动会持续进行并越过我们的目标：“我打算去卧室换一件舒适的衣服。我站在床边，开始脱外套，解开领带。接下来我所知道的就是我已经穿好了睡衣。”

安妮·格雷比尔（Anne Graybiel）是麻省理工学院的一名神经科学家，关于在新习惯形成中大脑是如何把一系列行动组合到一起的，她的研究提供了详细的见解。她采用了我们之前描述过的所有强大的神经科学工具，她的研究结果表明：当大鼠形成一种新习惯时，基底神经节的活动把构成该习惯的一系列行动“归置”到一起，一旦这个行动序列开始启动，就可以在不需要额外努力的情况下完成。格雷比尔给大鼠设置了一个非常简单的任务，使用一个 T 形迷宫：大鼠必须沿着一条狭窄的通道奔跑（从 T 形的底部开始），然后向左或向右转。因为她总是把食物放在同一侧，所以大鼠为了尽快获得食物，很快就能学会正确转向。

格雷比尔的研究表明：当大鼠首次学习这项任务时，在整个奔跑过程中，它们的纹状体都是活跃的；但随着转向去获得奖励这一行为变成了一种习惯，纹状体的活动就主要发生在行动的开始和结束阶段。在后来的一组研究中，格雷比尔和凯尔·史密斯（Kyle Smith）观察到，有时大鼠在执行任务中会出现这样一个现象：它们偶尔会在选择点（起跑道和转弯道的交汇处）停下来，前后来回看，他们称之为“慎重思考”（deliberation）。[3] 格雷比尔和史密斯测量了纹状体以及大鼠前额叶皮质的一个部分（叫作下边缘皮质）的活动，这个部分对大鼠的习惯形成至关重要。大鼠形成这种习惯后，纹状体中开始形成“行动限定”（action-bracketing）模式（纹状体的活动只发生在奔跑的开始和结束时），并且当这种情况发生时，大鼠的思考开始减少。格雷比尔和史密斯在研究纹状体的活动模式与大鼠的思考之间的关系时发现了一些非常有趣的现象：大鼠在执行任务时是否进行思考与任务开始时（思考发生之前）是否出现了行动限定模式有关。他们还发现，在下边缘皮质也出现了类似的模式，但是在这种行为真正成为习惯时才会出现。

这一结果表明：在习惯的形成过程中，纹状体和前额叶皮质会共同作用，将行动序列转化为一个行为单元，而不是一组分开的动作，这个行为单元一旦被触发，就很难在中途停下来。

诱因如何触发习惯

有多少次你听到别人的手机铃声响起时，就立刻掏出自己的手机去查看消息？

几乎每个拥有手机的人都有过这种经历，心理学家给这一现象起了一个复杂的名字：巴甫洛夫工具性转移（Pavlovian instrumental transfer）。之所以这样命名，是因为它结合了两种不同的学习方式。当刺激物与价值联系在一起时，巴甫洛夫学习就发生了——就像对于巴甫洛夫的狗而言，铃铛响就意味着食物，从而导致它分泌唾液，在手机这个例子中，我们获得的“价值”是消息。而工具性学习则是在特定情境或刺激下学习执行特定的行为，就像我们在强化学习的背景中所讨论的那样。巴甫洛夫工具性转移指的是，与巴甫洛夫学习结果相关的诱因（比如，别人的手机铃声）引起了一个行为（查看消息），而这个行为是通过工具性学习获得的。

巴甫洛夫工具性转移在触发坏习惯方面尤其重要。当吸烟者看到别人抽烟或是走进烟雾缭绕的酒吧，他就会立刻产生点燃一支烟的冲动。这一点已经在大鼠身上得到了证明，这是研究这一现象最常见的模型。例如，在彼得·霍兰德（Peter Holland）的一项研究中[4]，他首先让大鼠听到声音，然后给予它食物，把声音和食物关联起来，使大鼠在听到声音时对食物产生期待。这种具有内在价值的刺激（食物）和最初的中性刺激（声音）之间的关系反映了巴甫洛夫学习，就像巴甫洛夫的狗把食物与铃铛声联系在一起一样。然后，他训练大鼠通过按压杠杆来获得食物颗粒（不呈现声音）；这被称为工具性学习，反映了动物为了获得特定的结果而学习执行特定的行为。在这个训练中，霍兰德首先测试了巴甫洛夫工具性转移，他把大鼠放在笼子里，在不给予食物的情况下播放声音。与播放（跟食物无关）的声音相比，当那个与食物相关联的声音出现时，大鼠更有可能按下杠杆，这里就出现了工具性转移。霍兰德发现，经过数小时的工具性杠杆按压训练，大鼠表现出了强烈的巴甫洛夫工具性转移：如果它们听到之前那个与食物相关联的声音，它们更有可能按下杠杆，即使在测试中没有出现食物。

霍兰德随后研究了巴甫洛夫工具性转移是否受到奖励贬值

的影响，这是惯性行为的标志。为了实现这一点，他给一些大鼠注射了氯化锂，让它们感到不适，从而降低食欲。结果发现，只接受了少量杠杆按压反应训练的大鼠，在注射了降低食欲的物质后，几乎不会再按压杠杆。这意味着大鼠的行为是目标导向的，因为身体不适的感受降低了食物价值的吸引力。另外，接受了数小时杠杆按压训练的大鼠，即使它们注射了氯化锂，按压杠杆的行为与没有注射有毒物质的大鼠是一样的，这表明这种行为已经成为习惯。当霍兰德对巴甫洛夫工具性转移的次数进行统计时，他发现这与反应是不是习惯性的有直接关系：接受了少量训练的大鼠很少表现出转移，而接受了数小时训练的大鼠则多次表现出转移，而且不受食物价值降低的影响。也就是说，一旦一种行为成为习惯，即使动物不再想要奖励，这种习惯也会被相关的刺激所触发。类似的研究也已经证明，习惯对这种转移特别敏感。想象一下，一个试图戒烟的人走进了一家酒吧。烟的味道混同酒吧里的许多其他诱因，对于一个有严重烟瘾的人来说，很可能会唤起他的吸烟行为，即使他心里确实想要戒烟。

你可能会问，人类身上是否会存在和大鼠一样的转移效应？事实上，许多研究已经表明，人类确实会表现出巴甫洛夫工具性转移。桑纳·德·威特（Sanne de Wit）等进行了一项研究[5]，他们首先训练受试者按下两个按钮中的一个来获得两种食物（爆米花或巧克力）中的一种。接着，他们训练受试者将一系列视觉诱因与不同的食物联系起来。为了测试贬值效应，研究人员让受试者观看 10 分钟电视节目，在此期间，研究人员会将其中一种食物用碗盛满并拿给他们，以此来充分满足他们对那种食物的渴望。随后，受试者接受了一项测试，研究人员要求他们按下按钮来选择食物，这些食物将在测试结束时分发给他们。结果显示了转移效应：当呈现与爆米花相关联的视觉诱因图像时，受试者更倾向于选择爆米花，而当呈现与巧克力相关联的视觉诱因图像时，他们更倾向于选择巧克力。与霍兰德在大鼠身上的发现相似的是，这种效应不受饱腹感的影响——无论受试者吃了哪种食物，诱因对反应的影响都是相同的。

多巴胺似乎在巴甫洛夫工具性转换中起到了核心作用。凯特·沃萨姆（Kate Wassum）等进行了一项与霍兰德的实验非常相似的研究，测量了大鼠伏隔核中的多巴胺水平。[6] 这项技术将一个微型碳纤维电极植入大鼠的脑中，通过这个电极可以产生特定的电流模式；多巴胺水平的变化导致电极产生不同的电响应，这就使研究人员可以量化多巴胺的含量。沃萨姆和同事们发现，相比声音出现后不给予食物的情况，当声音与食物配对出现时，多巴胺的量会随时间推移而增加。他们在检测多巴胺释放的时间后发现，在大鼠按下杠杆之前，多巴胺的释放量通常更大，这就更直接地凸显了多巴胺与巴甫洛夫工具性转移的联系。

这项研究的结果具有启发性，但我们仅仅从中看到了多巴胺与巴甫洛夫工具性转移之间的相关性；要想知道多巴胺与巴甫洛夫工具性转移之间是否存在因果关系，就有必要证明干扰多巴胺也会干扰转移。肖恩·奥斯特伦德（Sean Ostlund）和凯特·沃萨姆等在一项研究中证实了这一点，他们尝试干扰大脑特定区域的多巴胺信号。[7] 当他们去干扰伏隔核中的多巴胺信号时，发现巴甫洛夫工具性转移减弱了，而干扰大脑另一个部分（大鼠前额叶皮质中部）的多巴胺信号则不会影响转移。这表明，在触发诱因与奖励寻求行为这二者产生联系的过程中，伏隔核中的多巴胺起到了关键作用。

无法转移视线：奖赏刺激吸引注意力

当我们环顾这个世界，有些东西很显然会比其他东西更容易吸引我们的注意力。这通常是由事物本身的特征所致，比如，它们的大小或颜色，但有时我们的注意力会被那些更具特质性的特征所吸引。比如，如果你是一个汽车迷，你可能会被路边的一辆 1957 年的福特雷鸟所吸引；如果你是一个鸟类观察家，你则更有可能被车旁柱子上的一只绿松鸦所吸引。这通常被称为注意偏向（attentional bias）。在成瘾行为中，注意偏向会表现得很明显，在有关成瘾的讨论中，研究者发现成瘾者对与成瘾物质相关的视觉诱因有着强烈的偏向。在研究成瘾行为时，研究人员使用了经过改编的斯特鲁普测试。在经典的斯特鲁普测试中，研究人员向受试者呈现用彩色墨水书写的词，并要求他尽快说出墨水的颜色。当墨水颜色和词义相冲突时，受试者需要更长的时间才能说出颜色，这时就出现了斯特鲁普效应。研究人员认为，这种反应的变慢是由于词意的显著性自动引起干扰。在与成瘾有关的斯特鲁普测试中，研究人员向物质滥用者呈现与物质成瘾相关的图片或单词，并要求他们对某个简单的特征做出回答，如图片的颜色。这类研究的发现通常是，相较于与成瘾无关的刺激，物质滥用者在与成瘾有关的刺激下对特征的反应更慢，他们的注意力自动被物质的信息所吸引，干扰了他们执行基本任务的能力。[8]这意味着，与特定习惯有关的诱因不仅会通过巴甫洛夫工具性转移获得额外力量，而且它们对个体来说本身就更突出，它们一旦"突然出现"，就很可能触发我们的习惯。

得克萨斯农工大学的心理学家布赖恩·安德森（Brian Anderson）对这种效应背后的机制进行了研究，他认为，在成瘾者中观察到的注意偏向并非反常行为，而是一种基本心理机制的表现，这种心理机制叫作基于价值的注意捕获（value-based attentional capture）。安德森在电脑屏幕上向受试者展示了一组彩色的圆圈，每个圆圈内都有一条垂直或水平的线。在每一次试验中，受试者接收到的指令是根据圆圈的颜色搜索其中一个圆圈（如“找到红色圆圈”），然后，受试者需要说出该圆圈内那条线的方向。在每次试验后，受试者还会得到一小笔金钱奖励，圆圈的颜色不同，奖励的金额也有所不同——例如，如果圆圈是红色的，受试者在80% 的情况下会得到 5 美分奖赏，在 20% 的情况下会得到 1 美分奖赏，而如果圆圈是绿色的，受试者会在 20% 的情况下得到 5 美分奖赏，在 80% 的情况下得到 1 美分奖赏。为了测试奖赏的价值是否会消失，安德森随后设置了一个测试阶段，在这个阶段中，受试者需要根据目标的形状而不是颜色来寻找目标。在这个测试中，目标形状里没有圆圈，但有时圆圈会作为干扰项出现。安德森感兴趣的问题是，如果干扰项中有一个圆圈，而在先前的测试中这个圆圈的颜色让受试者获得了奖励，那么在这种情况下受试者是否更容易分心（受试者需要更长的时间才能找到目标形状），此外，高奖励的颜色是否比低奖励的颜色更容易让人分心。他发现，情况确实如此：当干扰项是之前出现过的任意一种让受试者获得过奖励的颜色时（相对于之前没有出现过的颜色），受试者找到目标形状的速度会更慢，而且与低奖赏颜色相比，高奖赏颜色的干扰效果更大。虽然干扰效果都不大——只有几十毫秒——但却是稳定的，安德森认为基于价值的注意捕获与在成瘾中表现出的注意偏向有许多相似之处：它是持久的（至少持续 6 个月），而且难以被推翻。一项小型研究表明，这似乎与多巴胺能系统的活动有关，因为基底神经节中多巴胺受体水平较高的人似乎会表现出更高的注意捕获水平。因此，习惯难以克服的另一个原因是：我们很难忽视触发习惯的诱因。

顽固的秘方

所有这些因素加在一起使习惯变得非常难以改变。以在手机上查看消息为例。最初，这是一种目标导向的行为，目标是获取新消息。我之前讨论过马克·鲍顿在研究中发现的旧习再现的机制：一旦习惯形成，这种机制就会保护它，使它不受破坏。随着时间的推移，行为从最初依赖于涉及认知功能的皮质纹状体环路转向依赖于涉及运动功能的环路，从而脱离了认知系统的直接监督。接着，你决定实行“多巴胺戒断”（dopamine fast）（这是硅谷的新风潮），一个星期不查看手机消息。然而查看消息的习惯仍然存在，你必须在新目标的环境下摆脱它，尽力避免使用手机这个设备，而这需要非常努力的执行控制，但事实证明这种控制是脆弱的，并且经常会失败。也许随着时间推移，放下旧习惯对你而言会变得更容易，但如果环境发生变化（比如，正在发生的公共卫生紧急事件让你感到了压力），你就很可能会重拾旧习惯。一系列行动联结成了一个单元（或“一整块”），一旦启动，就会自动完成；在你明白这一点之前，你完全意识不到自己正在查看手机消息。巴甫洛夫工具性转移以及基于价值的注意捕获等机制共同起作用，也会让习惯的触发变得更容易——你的注意力会被另一个人的手机提示音所吸引，然后你会发现，你在不知不觉中就开始查看自己的手机了。

目前为止，我们是将习惯与目标导向行为这两者完全分开来看的。在下一章中，我们将讨论大脑的习惯系统和目标导向学习系统是如何相互作用从而决定我们的行为的。

第三章
我们的选择背后是习惯和目标的“战斗”

想象一下，当你走进一家便利店打算买些零食时，你如何选择买什么？你可能会权衡所有不同的选择，试图找到一款在健康、口味和价格上都合乎心意的零食，尽管这可能需要耗费较长的时间。然而，如果这是一家你经常光顾的店，你可能就会直接选择你常买的零食，或者某种新的零食吸引了你的注意，你也可能打算尝试一下。

当我说“我”做了一个决定时，这种说法掩盖了这样一个事实：在我的大脑中有许多系统在共同作用——或者有时它们是相互对立的——来决定我的行为。正如我们拥有许多记忆系统一样，行为也有不同的路径，而且每一条路径对于我们控制或改变行为的能力都具有重要意义。

反射——经过数百万年的进化而建立在我们神经系统中的行

为。当你的手不小心碰到一个滚烫物体的表面并带着痛感缩回来，这个动作就是一种反射动作。许多反射依赖于我们神经系统非常初级的部分；与其他许多反射一样，当手感到痛就会缩回来，这依赖于脊髓而非大脑。有时，反射也会与外界刺激相联系，在这种情况下，刺激能够引起行为。比如，巴甫洛夫的著名研究“条件反射”：许多读者都听说过巴甫洛夫的狗，它们知道铃声预示着食物的到来，铃声一响，狗就开始分泌唾液。

如果说反射代表了行为谱系的一端，那么这个谱系的另一端，就是带有明确目标的行为。这些行为（前文中称之为目标导向行为）包含我们的许多日常活动：吃特定的食物是因为我们认为它健康或是口感好，选择特定的路线去上班是因为我们有避开交通拥堵的明确目标。正如我们在前文中所讨论的，目标导向行为与其他类型行为的区别在于，一旦目标不再引起兴趣，那么行为就不会再发生；如果我在午餐时吃了太多蛋糕，那么这一天我都不会再想吃蛋糕了；如果我在津津有味地听着广播，并不关心是否能快点儿到家，那么我就不会费尽心思去避开拥堵了。

存在于反射与目标导向行为之间的，就是习惯。习惯有时是目标导向的，但如果重复次数足够多，它就会变得自动化，这就和反射很相似了——唯一不同的是，反射基本上是不可能停止的，而习惯通常能够通过足够的努力和注意而停止。

大脑中的竞争

习惯和目标导向行为有着不同的大脑系统，但它们所带来的不同影响却没有在我们的行为中露出明显痕迹，这就为我们提出了一个问题：不同的系统是如何相互关联的呢？我在 20 世纪 90 年代初开始涉足这一领域，当时大多数研究者都认为不同的系统是完全独立运作的。然而，得克萨斯农工大学的神经科学家马克·帕卡德开展的一系列研究表明，实际上，不同系统之间可能存在着相互竞争。帕卡德对不同的记忆系统如何与不同的行为相联系很感兴趣。由于记忆系统研究的重点大多集中在基底神经节和内侧颞叶的区别上，帕卡德以这些区域为研究对象，以了解它们在不同类型的学习中所起的作用。

为了验证这一点，帕卡德为大鼠设置了一个非常简单的任务，叫作“十字迷宫”（见图 3.1），它的造型就是一个十字形。由于迷宫的 4 条通道看起来一模一样，因此帕卡德在迷宫所在的房间墙壁上挂了各种装饰，以便大鼠能辨别出自己在迷宫中的位置。帕卡德先把食物放在其中一条通道上，然后把大鼠放在另一条通道上，它们需要向右或向左转弯才能获得食物；大鼠正前方的通道被关闭，从大鼠的角度来看，这个迷宫更像是 T 形而不是十字形。通过练习，大鼠很快就学会了该转向哪个方向才能得到食物，但是帕卡德认为其中可能有两种不同的方式。一方面，大鼠可能是知道了食物在空间中的位置，他称之为位置学习（place learning）；由于过去的大量研究都将空间学习与海马体联系起来，因此，他预测海马体在这种学习中起到了必要的作用。另一方面，大鼠也有可能只是学会了转向一个特定的方向，他称之为反应学习（response learning）。请注意，这里出现了目标导向行为与惯性行为的比较——在位置学习中，动物向着一个目标（空间中的一个位置）移动；而在反应学习中，动物只是简单地重复过去让自己获得了奖励的行为。

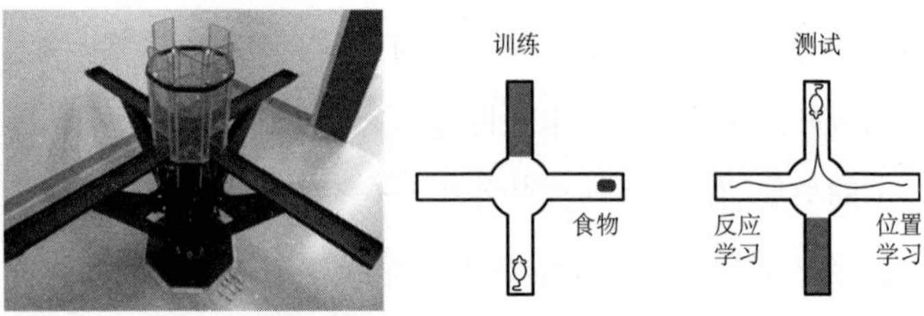

图 3.1　十字迷宫的照片（左）。在第一训练阶段（中），大鼠的起点在下边的通道上，它必须学会跑到右侧的通道去获取食物；上边的通道是关闭的。在第二测试阶段（右），迷宫中是没有放置食物的，大鼠的起点在上边的通道上，下边的通道是关闭的。如果大鼠向左转，这意味着它学会了去到空间中的某个位置；而如果它向右转，则意味着它学会了做出某种特定的反应。（照片由马克 · 帕卡德提供）

为了测试大鼠采用的是哪种学习方式，帕卡德用了一个简单的方法：在不提供食物的情况下，他把大鼠放在与之前的起点相对的那条通道上，然后观察它会往哪里跑（见图 3.1）。如果大鼠学会的是如何在空间中找到食物的位置，那么它就应该跑向那个位置，而现在如果要去到那个位置，它的转向就应该和之前相反。如果大鼠学会的是一个特定的动作，那么它就应该朝着它之前转向的方向转身，而这个方向与原来放置食物的方向是相对的。帕卡德发现，大鼠的行为取决于它们接受了多少训练。在训练的初期，大鼠表现出了位置学习的特征：当它被放置在相对的通道上时，它会正确地转到原来放有食物的位置。然而，随着训练的增加，这种行为发生了改变，大鼠做出的反应是它们在练习中学到的动作。因此我们可以看到，习惯是随经验而形成的。

之后，帕卡德提出的观点可谓一个思想的飞跃。此前关于记忆系统的研究几乎都假设不同的系统彼此独立工作，但帕卡德提出，这两个系统总是处在学习中，但它们随后也会相互竞争，以决定动物会如何行动。这意味着，干扰其中一种学习方式所涉及的大脑系统，会导致动物转而对另一种学习方式的使用。从另一方面说，如果另一个系统是不参与学习和竞争的，那么在一个系统受到干扰后，大鼠就应该会随机地去探索这两条通道，因为它不知道哪条通道上有食物。然而，研究结果显示，这两个系统确实是在同时学习，并且相互竞争，以控制大鼠的行为：当帕卡德在学习的早期抑制大鼠主导位置学习的海马体的活动时，大鼠便转而使用了反应学习策略，而当他在学习的后期干扰大鼠基底神经节的活动时，大鼠便转而使用了位置学习策略。帕卡德提出，可以通过对相关脑区进行化学刺激，使动物采取其中一种特定的学习方式。这项研究表明，大脑的不同记忆系统在不断竞争，从而决定我们的行为。

人类记忆系统的相互作用

就在帕卡德发表他的研究成果时，我刚刚在斯坦福大学完成我的博士后研究，并且正在波士顿的麻省总医院建立一个新的实验室。我也开始有了这样的看法，即大脑的不同记忆系统是相互作用的，而不是像以前认为的那样相互独立。我不认为习惯系统和陈述性记忆系统是完全独立运行的，由于大脑活动具有高度的互连性和动态性，因此，在一个健康的大脑中，这两个系统不以某种方式相互作用似乎是不太可能的。在我看来，这一领域总是专注于对患者进行研究，这将我们引入了歧途，也许我们可以利用脑成像来观察这些相互作用。

我们与罗格斯大学的马克·格鲁克（Mark Gluck）和达芙纳·肖哈米（Daphna Shohamy）合作，对受试者进行一项任务训练，要求他们进行试误式学习（trial-and-error learning），然后根据一组视觉线索（不同形状的卡片）来预测结果（在这项实验中，是预测下雨或天晴）。这些卡片与结果之间存在着概率关系——例如，一张卡片在65%的情况下与雨有关，而另一张卡片在 80% 的情况下与阳光有关。健康的受试者通过练习能够准确地完成这项“天气预测”任务，而早期来自芭芭拉·诺尔顿和拉里·斯奎尔的研究表明，帕金森病患者在学习执行这项任务时存在困难。诺尔顿和斯奎尔认为，基底神经节、多巴胺对于尝试–错误学习是必要的。因为多巴胺在奖励预测误差信号中起作用，所以多巴胺缺失的帕金森病患者学习任务的能力受损或许并不令人惊讶。

根据直觉，我们会认为，只要学习任务的方式稍有改变，大脑完成任务的方式就会改变，从使用习惯系统转变为使用陈述性记忆系统。因此，我们设计了一项任务，通过一个小小的调整来改变大脑处理任务的方式：我们仍然向受试者提供提示卡和天气结果，但不是让他们通过尝试–错误来进行学习，而只是让他们记住每组线索对应的结果。我们把这种学习称为配对联想学习（paired-associate learning），这个术语在心理学中通常是指学习材料以成对的方式呈现给个体，个体对其进行学习。当受试者在执行尝试–错误学习或配对联想学习的天气预测任务时，我们使用功能性磁共振成像（fMRI）测量他们基底神经节和内侧颞叶的活动。

我们比较了执行这两种不同任务时大脑的活动，发现结果与我们对大脑记忆系统的理解是一致的：在尝试–错误任务中，基底神经节的活动更多，而在配对联想任务中，内侧颞叶的活动更多。前面提到过，帕卡德认为这两种系统是相互竞争的，而我们的发现也支持了这一点：它们的活动似乎是反向的。在不同的人身上，我们观察到了一个相同的现象，即，基底神经节的活动增加，内侧颞叶的活动就会随之减少。我们于 2001 年在《自然》（*Nature*）杂志上发表了这个结果。[1]之后，在达芙纳·肖哈米（现在是哥伦比亚大学的一名教授）的带领下，对帕金森病患者也进行了这两种任务测试。尽管这些受试者在尝试 – 错误学习上存在困难（正如诺尔顿和斯奎尔所证明的那样），但他们进行配对联想学习则更加容易。随后，我们开始认识到早期研究中使用的天气预测任务的局限性——尤其是它没有提供一个明确的方法来判断一个健康的受试者采用了哪种学习方式（不像帕卡德的十字迷宫那样）。目前，鉴于目标 – 习惯的区别以及计算机科学的新发展，一些研究人员从中受到了启发，提供了一种更清晰的方法来理解这些不同的系统是如何在大脑中协同工作的。

目标行为和惯性行为的区分

在旧金山，公路上常常会有几个工程师开着顶部装有传感器的小车到处跑。这种看起来像是书呆子派对车的家伙实际上是由硅谷的科技公司研发的自动驾驶汽车的原型。

制造一辆能够正常运作的自动驾驶汽车非常具有挑战性，需要计算机快速有效地实现人类智能的许多方面。对人工智能的探索始于 20 世纪 50 年代，在过去的几十年里，对人工智能的研究主要集中在开发能够像人类一样进行复杂任务推理的系统，如医学诊断或国际象棋。但这些方法都没有取得太大的进展，甚至无法以一种稳健而灵活的方式解决人类级别的问题。

到了 21 世纪，出现了一种新的人工智能算法，它在解决实现人类级别智能所需的各种问题方面更加擅长。此类算法被称为机器学习，它是利用强大的计算机和大量的数据，以一种更接近人类学习的方式进行学习。其中一种被称为深度学习（deep learning）的算法已经解决了多年来困扰计算机科学家们的诸多问题。Facebook 能够对人们上传的照片进行人脸识别，并标注身份，这正是由于使用了深度学习——这并不奇怪，因为深度学习的先驱之一杨立昆（Yann LeCun）目前正就职于 Facebook。

机器学习领域的研究人员通常会根据系统（人或机器）在了解世界的过程中需要解决的不同问题进行区分。机器学习的一种模式是有监督学习（supervised learning），即系统被告知正确答案是什么，它仅需要学习在适当的情境下重复那个答案，就像是一个孩子从父母那里学习各种动物的名字那样。机器学习的另一种模式是无监督学习（unsupervised learning），即系统没有任何老师，它需要根据对周围环境的观察结果来确定答案。比如，婴儿倾听父母说话并识别出他们使用的特定语言所具有的语音，这就是在进行无监督学习。强化学习介于这两者之间，我们在讲述多巴胺的时候已经提及。在强化学习中，系统必须根据外界的反馈学习做出适当的行为，但它并没有被明确告知正确答案是什么——它会得到胡萝卜还是大棒，取决于它是否做出了正确的选择。

在计算机科学兴起之前，一些对学习方式感兴趣的心理学家就开始研究强化学习了。[2] 与物理学不同，心理学几乎没有什么定律，但心理学中最完善的定律之一是效应定律（law of effect），它由美国心理学家爱德华·桑代克（Edward Thorndike）于 1898 年首次提出。这一定律指出，如果一个行为之后出现了令人愉快的结果，那么将来（在导致结果的特定情境中）这个行为就更有可能重复；而如果一个行为之后出现了令人不愉快的结果，那么将来它就不太可能重复。在整个 20 世纪，心理学家（尤其是那些专注于研究大鼠或鸽子等动物学习的心理学家）都在致力于理解效应定律的基础，但其中一个基础观点来自研究另一种学习方式的研究人员，这种学习称为经典条件反射，有时也称为巴甫洛夫学习。20 世纪 70 年代，心理学家罗伯特·瑞斯科拉（Robert Rescorla）和艾伦·瓦格纳（Allan Wagner）对于理解学习过程中出现的一种现象特别感兴趣，这种现象称为阻断（blocking）。过去的理论认为，动物通过记录事件是否共同发生来学习事件之间的关联性。这就意味着，任何时候，只要奖励与某种行为有关，动物就应该学会更频繁地做出这种行为。心理学家里昂·卡明（Leon Kamin）于 1968 年指出，如果奖励已经与一个刺激产生了关联，那么另一个刺激与奖励之间的关联性就会被阻断。例如，在学校的时候，我们可能会把某个特定的铃声与午餐时间联系起来，这样，铃声响起就会让我们开始“流口水”。根据卡明的说法，如果之后加入另一个刺激，例如，在铃声响起的同时加入一道闪光，那么第二个刺激与结果之间的关系就会被阻断，也就是说，如果闪光在之后单独出现，它不会和铃声一样引起同样的反应。这表明，大脑并不是简单地记录这个世界上哪些刺激是同时出现的。

瑞斯科拉和瓦格纳提出了一个学习的数学理论，这个理论认为，学习取决于它们的预测被违背的程度——这与我们在讨论多巴胺时提到的奖励预测误差的观点完全一致。

强化学习的数学模型听上去可能很复杂，但其基本概念其实很简单。假设一个人走进一家只有 4 台老虎机的赌场。这个人知道这几台机器有好坏之分，但不知道具体某台机器是好是坏。强化学习模型为我们提供了一种方法来描述一个人（或机器人）如何知道使用哪台机器才能赢得最多的奖金。最基本的模型有几个主要组成部分。其中，策略（policy）指的是在任意特定状态下如何做出行动选择。通常来说，这是基于在特定状态下每种可能行动的估计价值。在上述例子中，我们需要估计从每台老虎机中赢得的奖金值。一开始我们并不知道这些奖金值是多少，所以我们假设它们都是相等的，随后通过经验来知道每台机器的奖金值是多少。最简单的策略是选择那台无论何时都具有最高估计价值的机器，但稍后我们就会看到，这样做是存在问题的。我们通常需要一个允许我们进行一定程度探索（exploration）的策略，这样，我们就可以偶尔挑选一台我们目前认为不是很好的机器来确保我们的判断是正确的。这个模型还需要一个奖励信号（reward signal）来对行动的结果进行反馈。在赌场的例子中，这很简单——我们只需要记录每一次尝试是赢还是输。

让我们来看看当强化学习模型开始玩老虎机时会发生什么，（见图 3.2）。[3] 如果你是赌场老板，你实际上知道在每台机器上有多大概率会赢得奖金（见图 3.2 顶部），在本例中，在最好的机器上赢奖的概率为 85%，在最差的机器上赢奖的概率为 10%，在其他机器上赢奖的概率介于这两者之间。

刚开始的时候，模型并不知道不同的机器上赢得奖金的概率，所以我们将每台机器的预期价值都设置为 0。由于所有的预期价值都是相同的，所以我们需要想办法去打破这种平局，通常是在选择的过程中引入随机性策略，如 softmax。在该策略中，我们选择某个行动的可能性大小，取决于这个行动的价值。在第一次尝试中，由于所有的价值都是相同的，因此每一个行动都有 25% 的可能被选中。假设我们在第一次尝试时随机选择了机器

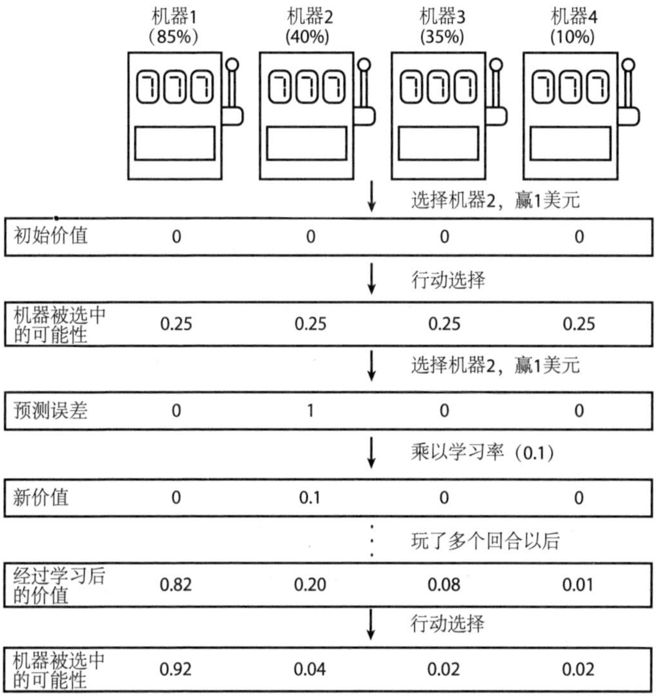

图 3.2　图中展示了一例使用老虎机的强化学习模型。每台老虎机开始时的估计价值为 0，这意味着有 25% 的机会选择这 4 台机器中的任何一台。机器 2 被选中（基于随机选择），玩家获得 1 美元奖励。实际奖励（1 美元）和预测奖励（0 美元）之间的差异导致预测误差值为 1。这个值乘以学习率（0.1），得到机器 2 的新价值，而其他机器的价值保持不变。在许多回合后，玩家会更多地选择提供最高奖金的机器（机器 1）。

2，并且赢了 1 美元（对于这台机器来说，这个概率是 40%）。模型的下一步工作就是基于经验（更确切地说，是基于我们的经验与预期之间的差异）来更新对价值的估计。我们一开始对机器 2 的预期价值是 0 美元，但实际的奖励价值是 1 美元，因此，这里的奖励预测误差为 1。随后，我们将奖励预测误差添加到现有的价值估计中，更新对机器 2 的价值估计，而只有将它乘以一个相对较小的数字 [学习率（learning rate）]，才能确保任意一次特定的胜局都不会对我们的价值估计产生巨大的影响，这有助于使我们的行为逐渐稳定下来，而不会因为一点点证据就产生剧烈的变化。如果使用 0.1 作为学习率，那么机器 2 更新后的估计价值为 0.1，而其他机器的估计价值为 0。接着，我们在下一次尝试时使用这个更新后的估计价值。需要注意的是，第一次尝试后预期价值最高的机器（赢奖概率 40% 的机器 2）实际上并不是长期收益最高的机器（赢奖概率 85% 的机器 1）。如果只是简单地选择具有最高估计价值的机器（我们称之为贪婪行动选择），那么我们将会一直选择机器 2，而这仅仅是因为我们在第一次尝试中随机选择了它，且它恰好中了奖。正如前面提到的那样，我们需要有一定程度的探索。在这个例子中，我们使用的 softmax 策略将使我们选择不同的行动，这些行动被选择的概率与它们的估计价值相关联，因而学习者能够时不时地去探索一下其他的选择。

图 3.3 显示了强化学习模型学习选择老虎机的行为。通过这种方式，这种非常简单的强化学习模型就会逐渐学会选择能带来最大回报的行为。

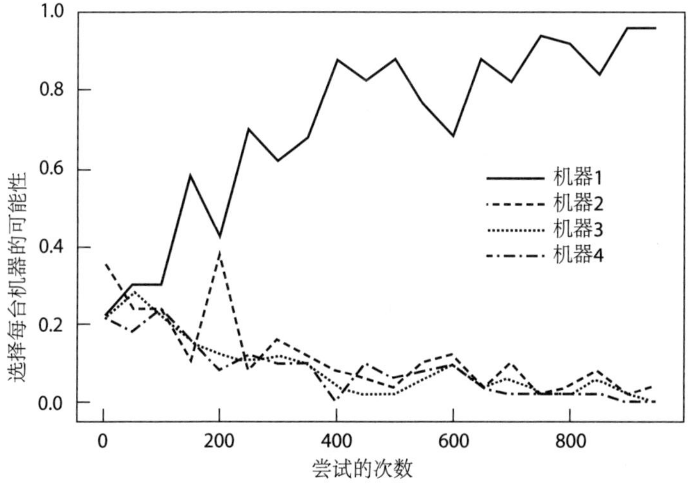

图 3.3　强化学习模型在老虎机例子中的应用。图中显示，随着尝试次数逐渐增加，具有高价值的机器（图中的实线）越来越有可能被选中。

学习的数学模型为什么与我们对习惯的理解有关呢？前文中提到过，沃尔夫拉姆·舒尔茨研究了猴子大脑中的多巴胺是如何对奖励和预测奖励的线索做出反应的。他的研究表明，多巴胺能神经元的放电非常接近实际结果和预期结果之间的差异——强化学习模型中计算出的预测误差。后来，汉娜·拜耳（Hannah Bayer）和保罗·格里姆切（Paul Glimcher）的研究让我们更深刻地认识到了这一联系，他们的研究显示：猴子大脑中多巴胺能神经元的活动与强化学习模型中的预测误差值之间存在着很强的数学关系。[4]这个例子让我们看到了一个正在迅速崛起的研究领域——计算神经科学（computational neuroscience），在这一领域中，我们得以使用计算机科学的模型来理解大脑是如何工作的。

基于模型的强化学习与无模型的强化学习

我们上面描述的强化学习模型并不知道世界是如何运行的——它只是尝试了所有可能的行动，并计算出哪种行动可以产生最好的结果。研究者称其为无模型的强化学习（model-free reinforcement learning），因为学习者并不拥有关于世界如何运行的模型。在我们前面说的选择老虎机的简单情形下，这是没什么问题的，但在现实世界中，无模型的强化学习就不适用了。

假设我想从位于旧金山的家出发，开车到位于帕洛阿托市以南约 40 英里的斯坦福大学。这条路上有 20 多个十字路口和 20 个高速公路出口。如果没有地图，我就得在每个十字路口和每个出口尝试每一种选择，但显然这是徒劳的——因为其中有太多的可能性。计算机科学家把这个问题称为维度诅咒（curse of dimensionality），意思是随着可能的选择的增加，这些选择的组合数量增加得更快。每一个十字路口，在假设我不能掉头的情况下，会有 3 种可能的选择：直走、左转或右转；如果有两个十字路口，那么就有 9 种可能的选择组合，并且数字会呈指数级增长，所以对于 20 个路口，就有超过 30 亿种可能的转弯组合（也就是 3^{20}），而为了完整地制订出路线，我必须尝试所有组合。正因为如此，我们不可能在这个世界的所有可能状态中去尝试所有可能的行动。另外，无模型学习者也不能很好地应对世界的变化。假设奇迹降临，我在没有地图的情况下到达了斯坦福大学的校园；我记住了那条路线，它成了我的不二之选。然而有一天，我之前必经的高速公路出口碰巧因施工而关闭了。这时没有地图，我不知道如何到达目的地，就只能开始盲目地尝试其他选择。无模型学习者听上去非常愚蠢，但它实际上很好地描述了习惯是如何工作的——它只是在给定的情况下执行习得的反应，而不去考虑目标或其他知识。

强化学习的另一种系统称为基于模型的强化学习（model-based reinforcement learning），它使用结构化的知识来理解世界是如何运作的，并据此做出决定。当我们想到世界的“模型”时常常会使用地图的概念，它可以是一张关于物理空间的地图（如导航地图），也可以是另一种“认知地图”，勾勒出我们对世界的认识。举个例子，假设你需要从你现在的位置到机场乘飞机。就像导航地图可以将通往机场的不同道路显示出来一样，认知地图也会描绘出你去往机场的不同方式（地铁、出租车、拼车）以及实现这些方式所需的不同行动。你的认知地图会告诉你，如果你乘坐出租车，就需要在行程结束时付现金给出租车司机；如果使用网约车软件，你就不需要立即支付现金，因为软件程序会处理它。认知地图还对环境很敏感——例如，你的一些网约车软件在一些城市无法运行；又例如，在美国乘坐出租车需要给司机额外的小费，而在意大利却不需要。另外，认知地图还可以塑造你的行为影响外界的方式。例如，你也许会对网约车司机在送你去机场时开得太慢而感到不满，但你知道向司机抱怨可能会导致他对你的乘客评分较低，影响到你日后再次叫车，所以你选择了默默忍耐。

基于模型的强化学习者使用这种认知地图来确定最佳行动，以实现自己的目标。很明显，我们的许多行为必须使用基于模型的强化学习才能有效。无模型的强化学习通常用来描述习惯，当我们知道了某个特定的行动是可行的，我们就会反复执行这个行动。普林斯顿大学的纳撒尼尔·丹毕生都在致力于研究这两种学习方式是如何在人脑中协同工作的。他曾是一名计算机科学家，之后在伦敦大学学院与传奇计算神经学家彼得·达扬（Peter Dayan）共事数年。受计算机科学和神经科学的启发，丹将脑成像和计算建模结合起来，以了解大脑中的每个系统如何工作，以及这些系统之间如何相互关联。

为了研究基于模型的和无模型的强化学习是如何在人脑中工作的，丹开发了一个实验，在这个实验中，这两种方法都可以得到测试。他设计的任务称为两步任务（two-step task），已被广泛应用于人类和啮齿类动物的决策研究中。这样命名是因为这个实验包含两个连续的决定。参与者通常使用计算机屏幕上的彩色形状来完成任务，但我将用更通俗的语言来描述它。

想象你正进入一座新建筑去寻宝（见图 3.4）。一开始你有两个门铃可以选择——分别为圆形按钮和三角形按钮。这些按钮以概率的方式打开其中一扇门。例如，圆形按钮会有 70% 的概率打开圆形房间的门，有 30% 的概率打开三角形房间的门，而三角形按钮产生的结果相反。一旦你进入那扇开启的门，你就会面临另一个选择。每个房间里都有两扇门（门 A 和门 B），每扇门后面都可能有奖励，是否获得奖励也有相应的概率。例如，在圆形房间中，门 A 有 80% 的机会获得奖励，门 B 有 20% 的机会获得奖励，而在三角形房间中这个概率完全相反。

首先，让我们想想基于模型的学习者将如何完成这项任务。在这个例子中，“模型”是对状态之间切换的概率（按下每个按钮打开每扇门的可能性）以及在每种最终状态下每个行动获得奖励的概率（每个房间内哪扇门是最好的）的描述。学习者首先要学习在第一步中每个按钮通向每个房间的概率。接着，他们还要学习在第二步中每种状态下每扇门导致奖励的概率。有了这一知识以后，他们就会选择第一步的行动，这一步行动会通向第二步最有价值的那个行动，然后在第二步的时候他们就会选择那个行

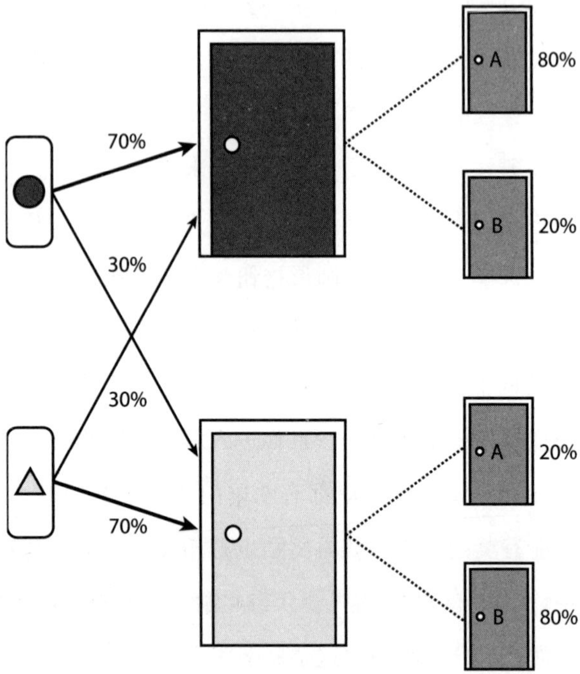

图 3.4 这是一个两步任务的例子。参与者首先选择其中一个门铃（左），这会导致其中一扇门以特定的概率打开。接着，参与者选择下一个房间的门 A 或门 B（右），并以特定的概率获得奖励。

动。对于无模型的学习者而言，没有关于任务的心理模型，所以他们只是简单地学习什么样的行动会获得奖励。丹认为，凭直觉我们可以区分基于模型的学习和无模型的学习，方法是观察当第一步发生了小概率的切换且第二步所选择的行动得到了奖励时会发生什么——例如，选择三角形按钮打开了圆形房间的门，接着选择门 A 并得到了奖励。而基于模型的学习者则会意识到，这种奖励意味着第二步（圆形房间）的状态具有更高的价值（因为他们在那个状态下得到了奖励）。然而，他们也会意识到，他们在第一步做出的选择（三角形按钮）相对来说不太可能导致这种状态，所以他们实际上不太可能在下一次去选择三角形按钮，也就是说，他们正在学习世界的特定状态与奖励之间的关系。与此同时，无模型学习者只会记录哪些行为会带来奖励，因此他们下一次选择三角形按钮的可能性更大。

丹以及其他研究者的诸多研究都表明：人类和大鼠通常都会在两步任务中进行基于模型的学习，但基于模型的控制程度存在个体差异。在基于模型和无模型控制的程度上，人与人之间是存在差异的。尽管如此，我们还是有理由认为，这些差异可能反映了情境变量（比如，一个人完成任务时的压力或疲劳程度），而不一定反映了基于模型的控制中稳定的个体差异。我和同事共同发表的一项研究采用两步任务对 150 人进行了两次测试，测试时间间隔几个月。[5]我们发现，同一个人在两个时间点上表现出的基于模型的控制程度仅存在非常弱的关系，这表明，在基于模型的控制程度上，个体之间可能不存在稳定的差异。也有证据表明，无论使用基于模型的强化学习还是无模型的强化学习，都会受到特定情境因素的影响。比如，分心似乎会促使人们使用无模型的控制。

麦吉尔大学的罗斯·奥托（Ross Otto）在一项研究中证明

了这一点，他改变了我和卡琳·弗尔德（Karin Foerde）、芭芭拉·诺尔顿的一个早期研究。在我们的研究中，受试者需要学习并执行天气预测任务，他们分别在专注和分心的情况下执行任务。我们发现，分心并没有降低受试者准确预测天气的能力（我们认为这依赖于习惯系统），但它确实大大地减弱了受试者对过去体验的有意记忆。奥托则要求受试者在试验中接受两步任务：受试者在专注情境下或双任务情境下进行决策。他发现，受试者在专注时更有可能使用基于模型的学习，而在分心时更有可能使用无模型的学习。

现有的大量研究都涉及前额叶皮质参与多任务加工，奥托的研究结果与如下观点一致，即前额叶皮质对于基于模型的决策而言是必要的，因此，让它参与多任务加工会降低其有效性，从而使得无模型系统在竞争中获胜。

目标能成为习惯吗？

目前为止，我们所讨论的习惯大多很简单，而且与动作行为密切相关，比如，大鼠按压杠杆或者人从自动售货机中选择特定的食物。然而，我们在现实中的许多“习惯”实际上更像是以目标导向的行为。也许最好的例子就是吸毒者的觅药行为。网上有很多事例来自急诊医生，描述了有人为了获取药物而实施复杂计划的故事，比如：

> 一名蓬头垢面的女子出现在一所学校里，声称自己被毒蛇咬伤了腿。在我们到达之前，一个好心人给她的腿缠上了固定的绷带。到达医院后，她对事情经过的描述非常模糊，说她在附近的公园里踢了一条死蛇，然后这条蛇咬了她。她的脚踝上有一小块类似抓痕的痕迹。在我准备给她用药时，她立刻乞求说要缓解疼痛，说除了阿片类止疼药物*，她对什么都过敏。我对过敏症状的所有提问她都回答“是”，而且她的阐述非常含糊。
>
> 到达医院后，据知情人透露，就在同一周她已经被救护车送到过另外 3 家医院，而且提出过同样的诉求。[6]

这个人显然有吸毒的习惯，但她试图获得毒品的手段远非一个简单的行为，这表明，她的习惯就是获得毒品及使用毒品这个总目标，她所做的不是一些零散的行动（零散的行动必然会因特定环境而发生变化）。

虽然大多数研究都集中在行为的惯性上，但人们对目标也

* 阿片类止疼药物一般是从阿片（罂粟）中提取的生物碱或人工合成的相关衍生物，能缓解疼痛，但大剂量可导致木僵、昏迷和呼吸抑制。

可以成为习惯的观点越来越感兴趣。哈佛大学的心理学家费尔瑞·库什曼（Fiery Cushman）的工作重点是了解如何通过无模型的强化学习来学习想法和目标，这就将目标与习惯更紧密地联系在了一起。在一组研究中，库什曼对纳撒尼尔·丹所采用的两步任务进行了改变，以检验随机的大额奖励是否会影响未来对特定目标的选择。[7]实验设置相当复杂，但他的思路可以在现实生活中找到实例（见图3.5）。假设某人在投资中，必须在科技股和金融股之间做出选择。任何一次购买行为，都只允许用户在两种股票中选择一种。然而，该系统还有一个额外的功能。在一小部分完全随机选择的交易中，用户会获得一笔大额奖金，无论用户希望在那轮交易中购买哪只股票，这种情况发生的可能性都是一样的。假设买家在两种股票中选择了一只金融股，然后获得了一笔奖金，基于模型的系统会意识到获得奖金的行为是完全随机的，不会改变购买金融股这一目标的价值。然而，无模型的系统只学会了将选择与结果联系起来，因此，获得奖金的情况会导致它增加对购买金融股这一目标的价值。

在一系列的研究中，库什曼证实了这种对目标状态的无模型学习，这表明，目标的习得方式可能类似于习惯。从更广泛的意义上来说，这项研究及其他类似的研究都表明，我们应该以一种更系统的方式看待强化学习，基于模型的学习可以对习惯进行选择，而无模型的学习可以影响我们加诸目标状态的价值。

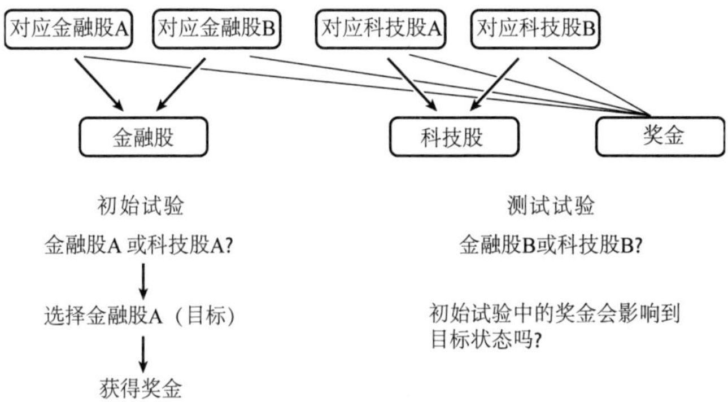

图 3.5　这是库什曼和他的同事亚当·莫里斯用来检验无模型目标选择的任务示意图。这里有两只金融股和两只科技股，在每一次交易中，交易者都有机会购买其中一只。然而，在少数几次随机选择的交易中，交易者会得到一大笔奖金。对无模型学习的影响进行测试的关键在于，当交易者从一组股票中选择了一只股票后获得了奖金，他是否更有可能在随后的交易中选择该组的另一只股票，也就是说，奖金是否增加了他所追求的目标的价值。

目前为止，我们已经讨论了习惯和目标如何相结合来驱动我们的选择，以及为什么习惯如此顽固。尤其是，习惯似乎与最初驱使我们参与其中的目标脱节，成为一种要改变就必须彻底推翻的自动行为。我们看到了习惯和目标导向行为如何与两种强化学习模型紧密相关，每一个例子中，我们都谈到了计划或控制行为的必要性，这涉及前额叶皮质。在下一章中，我们将转向对前额叶皮质的理解，看看它是如何在控制我们的行为中发挥作用的，以及为什么这种控制会经常失败。

第四章

自控力、延迟满足和意志力的科学解释

自从人类开始思考自己的思想，我们的即刻欲望和长远目标之间的斗争就越发引人关注了。柏拉图在《费德罗篇》中将人类的灵魂比作两匹马拉着的战车，两匹马中一匹是高贵的马，代表“谦逊和自我控制”，另一匹是野蛮的马，代表“欲望和桀骜不驯”。御车者控制着这两种对立的情感，从而引导我们的行为。我们内心的理性思考者和激情享受者之间的斗争，在西格蒙德·弗洛伊德（Sigmund Freud）的著作中最为著名，他把精神生活概括为寻求快乐的“本我”与道德主义的、逻辑的“超我”之间的斗争，而“自我”负责调停冲突。现在我们来看看，大脑是如何运用控制来为我们的目标服务的。

首先，让我们了解一下心理学家所说的“自控力”是什么意思。来看看下面的哪些陈述准确地描述了你：

· 我常常没有考虑周全就采取行动。

· 我很懒。

· 我很难集中注意力。

· 如果一些事情很有趣，我就会去做，即使它们对我不利。

· 我有时说话不恰当。

· 我很难改掉坏习惯。

· 有时我无法阻止自己去做一些事，即使我知道那是不对的。

· 我希望自己能更自律一些。

· 沉迷娱乐有时会令我无法完成工作。

以上这些陈述出自一项测查自控力的大众调查研究。如果你对于大多数题目的回答都是否定的，那么你的自控力可能较强；而如果在许多题目上你的肯定答案比较多，那么你的自控力很可能相对较弱。

心理学家如此关注自控力，部分原因在于它对许多重要的生活结果有巨大影响。杜克大学的特里·莫菲特（Terrie Moffitt）和阿夫沙洛姆·卡斯皮（Avshalom Caspi）的研究提供了一些最具说服力的证据，他们花了多年时间跟踪研究了 1000 多名 1972—1973 年间出生于新西兰达尼丁的人。他们在这些人还是幼儿的时候就测量了他们的自控力，从 3 岁开始，通过简单地询问父母、老师和孩子自己，看他们的自控力是否存在问题，比如不思考就行动、在等待或轮流做事情方面存在困难、容易大发脾气、对挫折的容忍度低。在一系列研究中，莫菲特和卡斯皮考察了这些早期的自控力与成年后的社会、教育和健康结果之间的关系，结果是惊人的，至少可以这么说：那些在年幼时自控力较强的孩子，成年后几乎在所有方面都拥有更积极的生活结果：他们更有可能在经济上取得成功，身体更健康，出现吸毒和酗酒问题的可能性更低，犯罪的概率更低，等等。更高的自控力似乎能够帮助这些人避免莫菲特和卡斯皮所说的“陷阱”（snares），也就是最终会使个体陷入不良后果的生活选择——比如，从小就开始吸烟或是辍学。

你可能已经注意到，调查中的陈述涉及了心理功能的许多不同方面，包括计划、动机、专注、享乐和抑制，等等。我们可以把其视为自控力的“心理成分”，我们将会看到，所有这些成分都涉及人类大脑中一个获得了独特进化的部分：前额叶皮质。

“切掉一部分大脑”

通常来说，要理解某个大脑区域所具有的心理功能，最好的方法就是观察当这个区域受损时会发生什么。也许最著名的额叶损伤案例是菲尼亚斯·盖奇（Phineas Gage），他的故事首次公之于众是在 1848 年 9 月 14 日，是由佛蒙特州勒德洛的自由土壤联盟（Free Soil Union）讲述的：

> 骇人听闻的事故——菲尼亚斯·盖奇是佛蒙特州卡文迪什铁路上的一名工头，昨天他在执行一场爆破任务时，火星意外点燃了炸药，导致他手中一根周长 1.25 英寸、长 3.8 英尺的铁签穿过了他的头部。铁签从他的左脸穿了进去，击碎了上颚，然后穿过左眼后部，从头顶穿了出来。关于这一悲惨事件，不可思议的是，直到今天下午两点，他依然活着，而且理智健全，感觉不到疼痛。

铁签对盖奇的脸和颅骨造成了巨大损伤（见图 4.1[1]）——请注意，这场意外发生在现代外科手术、抗生素和止痛药出现之前。但在医生约翰·哈洛（John Harlow）的精心护理下，他没有因感染而死去，几个月后，他就能够从事一些日常活动了。然而，虽然他看起来可以正常走路和说话，但有些事情发生了改变。在受伤之前，周围人对盖奇的描述是："一个效率极高、能力极强的工头""精明能干的商人""在执行他的计划时精力充沛、坚持不懈"。后来，哈洛在一篇报告中，描述了盖奇在事故发生后的行为[2]：

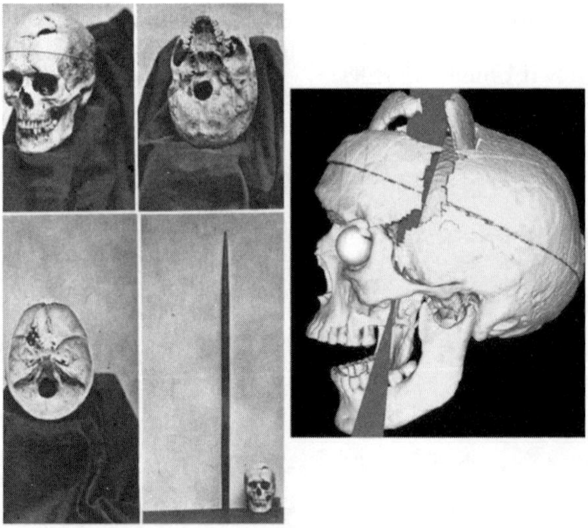

图 4.1 （左图）菲尼亚斯 · 盖奇的颅骨以及导致他脑损伤的铁签。（右图）范 · 霍恩等复原的盖奇脑损伤情况。

他的智力和动物习性之间的平衡被破坏了。他变得反复无常、粗俗无礼，时不时喜欢用一些脏话骂人（他以前不是这样的），不尊重朋友，对别人的劝阻或建议很不耐烦；他有时倔强顽固，有时又情绪不稳、优柔寡断；他会制订很多关于未来的计划，但从来没有真正实施过，因为他总会不断被新的东西吸引……他的心智发生了根本性的改变，这一点确凿无疑，以至于他的朋友和熟人都说他“不再是盖奇了”。

以墨尔本大学的马尔科姆·麦克米伦（Malcolm Macmillan）[3]为代表的一些作者，对哈洛等是否夸大了盖奇的损伤提出了疑问，他们指出，盖奇在 1848 年发生事故到 1860 年去世之间的大部分时间里都在工作。尽管如此，他的性格在受伤后的确发生了很大的变化。这是一个非常鲜明的例证，说明了额叶受损可能会导致心理变化。

虽然有些人在额叶损伤后会表现出不受抑制和不恰当的行为，但另一些人的行为表现却非常不同。在二十世纪四五十年代，治疗重症精神疾病（如抑郁症或精神分裂症）的常见方法是额叶切除术，即通过手术断开部分前额叶皮质与大脑其他部分之间的联系，这和完全切除前额叶皮质的效果是一样的。

美国前总统约翰·F. 肯尼迪（John F. Kennedy）的妹妹罗斯玛丽·肯尼迪（Rosemary Kennedy）就接受过额叶切除手术。罗斯玛丽患有智力障碍和精神疾病，常会出现间歇性的愤怒以及癫痫发作的症状。那时候，精神病药物还没有问世，由于没有其他合适的治疗方法，肯尼迪家族决定在罗斯玛丽 23 岁时送她去实施额叶切除术。手术后，罗斯玛丽几乎彻底衰弱了——她失去了走路和说话的能力，只能在精神病院度过她的余生。

爱荷华大学的丹尼尔·特拉内尔（Daniel Tranel）等就额叶损伤对性格的影响进行了详细的研究。特拉内尔是爱荷华州神经系统疾病患者登记注册中心（Iowa Neurological Patient Registry）

的管理员。近 40 年来，该中心一直在招募和追踪那些因脑部疾病或损伤在爱荷华大学医院接受过治疗的人，定期与这些人取得联系并对他们进行研究，该中心数据库规模较大（目前超过了 3500 人），使其成为研究脑损伤影响的独一无二的资源。在 2018 年发表的一项研究中，对 194 名来自该中心的人进行了调查，以评估大脑损伤导致的各种性格变化。[4] 研究人员对整个大脑都受到损伤的人进行了观察，发现其中近一半人的性格出现了不同形式的变化，最常见的影响是导致了社交和情绪障碍，与菲尼亚斯·盖奇的变化类似。另一种常见的影响是"执行失调"（executive dysregulation），包括一系列症状，如缺乏辨别力、缺乏决断力和社交不当。还有一种影响与罗斯玛丽·肯尼迪的症状相似，包括冷漠、社交能力下降、缺乏耐力或活力。最后，还有一些人表现出了情绪压力和焦虑的迹象。

当然也有例外，有时额叶的损伤会对一个人的性格产生积极的影响。爱荷华州神经系统疾病患者登记注册中心的另一项研究以 97 名患者为研究对象，研究人员马西·金（Marcie King）、特拉内尔及同事让这些患者的一个亲戚或朋友对患者脑损伤前后的性格特征进行评估。[5] 令人惊讶的是，他们发现超过一半的患者在大脑受损后性格的某些方面得到了改善，而且这些人大多是额叶前部受到了损伤。对此，论文中提供了一些例子来进行说明。一名患者在接受额叶肿瘤手术前脾气暴躁、口无遮拦，她的丈夫形容她"很难对付"。

手术后，她变得更快乐也更外向了，她丈夫注意到她更爱笑了。另一名患者在罹患颅内动脉瘤之前一直处于沮丧又愤怒的状态，常常抱怨自己的工作，与女儿相处时喜怒无常；他的妻子形容他“很消沉”。动脉瘤造成了他前额叶皮质的部分损伤，他却因此变得更加随和和容易满足，他妻子和他自己都说，这一损伤带来了他性格的积极变化。这些发现表明，我们性格中一些最深层的方面存在于大脑额叶之中，甚至包括那些不太好的方面。

特殊的前额叶皮质层

如果我们问，是什么使得前额叶皮质对自控力而言如此重要，这里的关键特征就在于它的连接线路（wiring）。为了理解这一点，让我们来看看大脑皮质的不同区域（见图 4.2）。[6] 初级脑区负责处理来自特定感觉通道（如视觉、触觉或听觉）的输入，或者直接产生传出信号来控制运动，它们是信息进出大脑的通道。联合皮质区整合来自初级脑区的信息，并将其与已有的知识关联起来。其中一些称为单模态（unimodal）联合区，主要处理来自单一感觉通道的信息，还有一些称为多模态（heteromodal）联合区，将不同感觉通道的信息整合起来。这些区域是分等级的，其中，前额叶皮质的等级最高，接收每个较低等级的单模态皮质区的输入。另外，即使在前额皮质内部也有一个等级，越前端的区域处理越复杂的信息。这样一来，处于等级结构顶端的区域（前额叶皮质的最前部）就可以获取大脑所有可用信息的“行动纲要”。

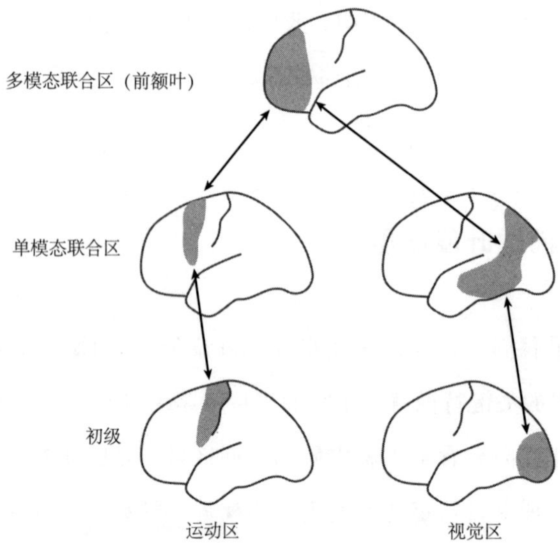

图 4.2　大脑系统等级结构从初级系统（下）开始，到单模态联合区（中），最后连接到包括前额叶皮质在内的多模态联合区。前额叶皮质位于大脑系统等级结构的顶端。图中箭头都是双向的，强调了大脑中的连接几乎总是相互的。

人们曾经认为，与其他灵长类动物相比，人类的前额叶皮质在大脑中所占的比例更大，但最近通过对许多不同的灵长类动物

（猴子、类人猿和人类）的大脑进行 MRI 扫描发现，人类前额叶皮质占大脑的比例并不比一些猿类更高。那么，为什么人类在计划、等待和自我控制的能力上如此不同呢？

首先，与其他灵长类动物相比，人脑前额叶皮质中涉及抽象思维的部分（位于大脑最前部）似乎更大。其次，原因也可能在于大脑的连接线路。大脑灰质位于大脑表层，是神经元胞体集中的地方，而脑白质位于大脑内部，是连接大脑不同部分的导线。一些研究表明，与其他灵长类动物相比，人类的脑白质部分更大（相对于我们整个大脑的大小），这使前额叶皮质内部以及前额叶皮质与大脑其他部分的连通性更强。然而，即使人类同其他灵长类动物在这些能力方面存在不同，这种不同也远没有他们在智力上的差异那样明显。我们大脑中神经元组织方式的微观差异，比如，神经元在组织中的分布，以及它们在前额叶皮质中的分支情况，似乎是解释物种间差异的另一个关键。这些组织结构上的差异如何导致物种间认知能力的巨大差异目前尚不完全清楚。[7]

前额叶皮质是最晚发育的大脑区域（那些经常接触青少年和儿童的人对于这一点应该很有体会）。大脑的发育过程多少有点儿反直觉，因为神经元和突触的数量在早期激增之后有一段很长时间的“修剪”期，在这个过程中，不必要的神经元和连接被移除。这种增长和随后的修剪最早发生在初级感觉和运动区，在出生后的几年内完成，而在前额叶皮质，这一工程直到童年中期才开始，到成年早期才完成。要了解这一点，我们可以用 MRI 成像来观察整个发展过程中灰质的厚度。大脑皮质的厚度约为 3 ~ 4 毫米。伊丽莎白·索维尔（Elizabeth Sowell）等进行的一项具有里程碑意义的研究表明，在童年晚期（5 ~ 10 岁），大脑大部分区域的皮质厚度都会减少，但与语言功能联系最紧密的额叶和颞叶的部分区域，其厚度在同一时期却在增加。

连接前额叶皮质和大脑其他部分的脑白质也成熟得相对缓慢。脑白质主要由一系列细长的延伸部分（轴突）组成，轴突将信号从一个神经元传递到它的目标神经元。轴突被一种叫作髓鞘的物质包裹，髓鞘将轴突隔离绝缘，就像电线上的塑料涂层一样。髓鞘还有助于加快信号沿轴突的传递速度。髓鞘形成的过程始于妊娠过程中母亲的子宫，并在婴儿出生后一直持续在整个童年。但在前额叶皮质，它的成熟过程需要更长的时间，一直持续到成年早期。一种称为弥散加权成像（diffusion-weighted imaging）的 MRI 研究为脑白质的持续发育提供了最佳证据。彼得·柯丘诺夫（Peter Kochunov）和大卫·格拉恩（David Glahn）等在一项研究中，对 1000 多名年龄在 11 ~ 90 岁的人进行了大脑皮质厚度和脑白质微观结构的测量。[8] 他们对反映脑白质微结构完整性的部分各项异性指数值（与髓鞘形成有关）进行计算发现，脑白质发育成熟要远晚于整个大脑皮质发育达到峰值的时间点。在连接前额叶皮质和大脑其他部分的白质区域，这种成年期脑白质的持续发育尤其明显。这样一些结果表明，皮质在成年时发育达到顶峰后的很长一段时间内，脑白质仍在继续发育。

前额叶皮质似乎能够很好地控制大脑的其他部分，其中的原因我们已经进行了概述，现在来看看由前额叶负责的自控力所包含的一些“基本要素”。

牢记信息

计划的行为有一个基本的方面，就是需要你持续记住自己的目标，而前额叶皮质对于做到这一点似乎尤为重要。已故耶鲁大学神经学家帕特里夏·戈德曼·拉基奇（Patricia Goldman-Rakic）在一系列研究中证实了这一点。他研究了猴子在执行简单任务时前额叶皮质神经元的反应（见图 4.3）。在这项任务中，他首先训练猴子把目光聚焦在屏幕中心的注视点上。随后，在注视点旁边的某个位置上会出现一个提示，这时猴子的目光仍停留在注视点上。猴子需要一直盯着注视点，直到它消失，然后它要把视线移到提示出现的地方（但此时提示已经消失了）。如果它的视线移到了正确的位置，就会有果汁喷到嘴里作为奖励。这被称为眼动延缓反应任务（oculomotor delayed response task），因为它是一种延迟做出的眼动反应。

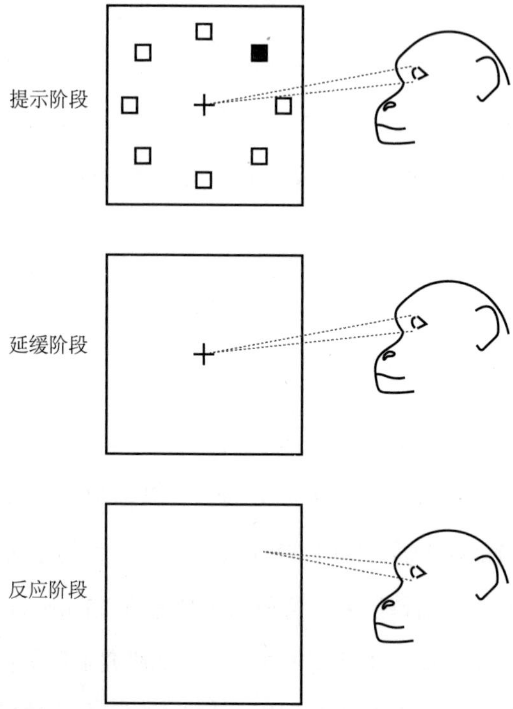

图 4.3　戈德曼·拉基奇使用的眼动延缓反应任务示意图。在提示阶段，猴子的视线一直聚焦在屏幕中心的注视点上，但会记住给定目标的位置（右上角显示为黑色方块）。在延缓阶段，猴子的视线仍然聚焦于注视点上，并牢记目标的位置。在反应阶段，注视点消失，这时猴子需要将视线移至目标位置（该点不会显示在屏幕上）。

当戈德曼·拉基奇记录猴子在完成任务过程中前额叶皮质特定部分的神经元放电时，她发现一些神经元只在提示下兴奋，而另一些神经元在注视点消失后猴子移动视线时才会兴奋。然而，她也发现一些神经元的活动是“延迟选择性的”——一些神经元只有在猴子等待移动视线的那段时间才会变得活跃。这些细胞的放电对特定的运动方向是有选择性的，意味着特定的细胞只在视线即将移向特定方向时才会兴奋。

戈德曼·拉基奇和她的同事们还证实了多巴胺对工作记忆至关重要。在一项研究中，他们将一种药物直接注射到猴子的前额叶皮质中，阻断了多巴胺 D1 受体的功能。[9] 随着药物的生效，猴子在记忆视线的正确移动方向会越来越多地犯错，并且随着提示与反应之间的延时变长，猴子会犯更多的错误，这表明记忆正随着时间的推移而衰退。在后来的研究中，他们应用了多巴胺阻滞剂，同时也记录了前额叶皮质的神经元活动。[10] 虽然这种药物对于在提示阶段或反应阶段做出反应的神经元的影响很小，但它会导致在延缓阶段做出反应的细胞电活动减少。

戈德曼·拉基奇等证实了动物在工作记忆中保存信息时前额叶皮质存在持续性的活动，在随后的几十年里，神经科学界广泛接受了这种持续性的活动是在工作记忆中保存信息的原因。近年来，工作记忆需要前额叶皮质持续活动的理论受到了质疑，越来越多的人认为这套机制其实比我们所认为的更复杂。特别需要指出的是，麻省理工学院神经学家厄尔·米勒（Earl Miller）等的研究表明，前额叶皮质的多数神经元在工作记忆任务的延缓阶段并不会持续放电，当任务比戈德曼·拉基奇设计的任务更为复杂时更是如此。相反，这些神经元似乎在相对静止的两个时期之间表现出强同步活动。我们有许多理由认为这些突发性的活动实际上更有效地保存了信息：如米勒等在 2018 年总结时谈到的那样，“在大脑持续不断的嘈杂声中，一声短暂的尖叫比绵绵耳语更容易被听到”。[11] 米勒和同事们所证实的这种模式允许神经元群体保存更多的信息，这实际上是让不同神经元群体在不同时间点“发声”。尽管这个过程非常复杂，但很明显，要想牢记信息，前额叶皮质神经元是不可或缺的。

难以应付的压力

艾米·阿恩斯滕（Amy Arnsten）在读博士后时曾与戈德曼·拉基奇共事，她曾着手研究过一种不同的神经调控系统：去甲肾上腺素能系统（noradrenergic system）。该系统是多巴胺能系统的“亲戚”，但它在许多方面被忽视，它释放的是神经化学物质去甲肾上腺素。人们熟知的肾上腺素是一种在焦虑或兴奋时产生的激素——而与这种分子相比，去甲肾上腺素有一点儿化学变化，其化学性质也与多巴胺非常相似。实际上，它是由大脑中的多巴胺直接产生的，两者都属于一种叫作儿茶酚胺（catecholamines）的神经化学物质。去甲肾上腺素的合成主要发生在大脑中一个深埋于脑干的微小区域，它的拉丁语叫作 locus coeruleus，意为“蓝斑”，因为在大脑解剖中这个区域呈现蓝色。同多巴胺能系统一样，蓝斑将辐射纤维投射至大脑各处，尤其是前额叶皮质。正如多巴胺一样，去甲肾上腺素似乎也在工作记忆中起着核心作用。

阿恩斯滕和戈德曼·拉基奇通过研究猴子变老后的情况，首次确定了去甲肾上腺素在工作记忆中的作用。就像年老的人类一样，年老的猴子工作记忆较差，它们的去甲肾上腺素受体数量也有所减少。正如多巴胺有不同类别的受体一样，去甲肾上腺素也有不同类别的受体，称为 α 和 β 受体，且这两类受体的作用是相反的。许多人服用一种名为 β 受体阻滞剂的药物来治疗高血压。这种药物的得名是因为它能阻断 β 受体这种特定的去甲肾上腺素受体。这也凸显了一个事实，即去甲肾上腺素和多巴胺等化学物质不仅仅在我们的大脑中发挥作用，更在我们整个身体中扮演着许多角色。事实上，许多人（包括我自己）在公开场合发言时都会服用 β 受体阻滞剂，因为这种阻滞剂可以减轻焦虑症状。[12] 阿恩斯滕和戈德曼·拉基奇着重研究了另一类受体——α–2A 受体，激活 α–2A 受体的药物也可用于治疗高血压——他们发现，在年老的猴子执行眼动延缓任务时，激活 α–2A 受体可以提高它们在延缓阶段记住目标位置的能力，延迟的时间越长，记忆的效果越明显。[13] 此后，阿恩斯滕（现任耶鲁大学教授）详细研究了这一过程的生物学原理，她尤其专注于探究为什么压力会对我们的前额叶皮质造成严重的破坏。

阿恩斯滕认为前额叶皮质中的儿茶酚胺水平与该区域的神经元功能之间存在着倒“U”形关系（见图 4.4）。[14] 就像经典故事《金发姑娘和三只熊》中的情节一样，前额叶皮质中的儿茶酚胺水平需要“恰到好处”才能发挥最佳功能。如果儿茶酚胺水平太低（在我们困倦时）或太高（在我们处于极端压力时），前额叶皮质就会变得不可靠，我们的思考和计划能力便不复存在。心理学中的耶克斯 – 多德森定律（Yerkes–Dodson law）也反映了这样一种关系，该定律于 1908 年被两位学者提出。耶克斯和多德森通过电击小鼠的爪子来研究压力如何影响小鼠学习区分两种刺激物亮度的能力。他们发现，如果两种刺激物亮度差异较大，增加电击强度会加强小鼠在任务中的表现；而如果两种刺激物亮度差异较小，电击强度与小鼠的表现之间就会呈现倒“U”形关系，即随着电击强度增加，小鼠的学习速度会逐渐加快，但当电击强度超过一定值时，小鼠的学习速度开始变慢。尽管以现在的研究标准来看，这项早期研究略显粗糙，但其结果经受住了时间的考验，在任务表现上存在最佳唤醒水平这一观点已然成为心理学的一个基本信条。

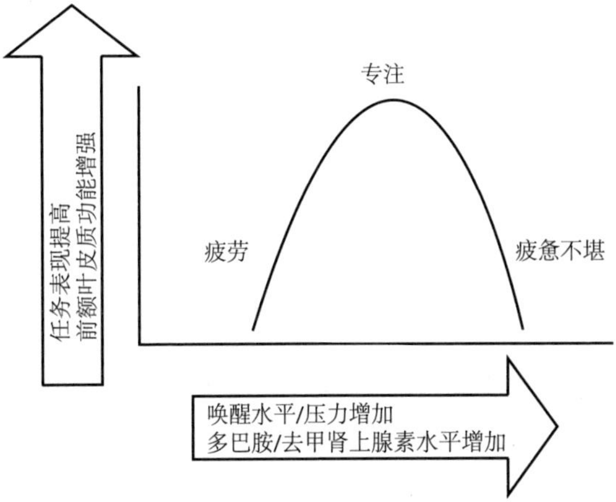

图 4.4　唤醒水平与表现之间倒“U”形关系示意图，最早由耶克斯和多德森提出。当唤醒水平或压力增加时，前额叶皮质中的儿茶酚胺（多巴胺和去甲肾上腺素）的含量也会随之增加。这改善了小鼠前额叶皮质的功能，使小鼠在任务中的表现越来越好；但当儿茶酚胺的含量超过某个特定点时，小鼠的表现开始下滑。（改编自阿恩斯滕等）

有关压力对认知功能的影响，美军的一系列研究也提供了证据。他们研究了一组正在进行“地狱周”高强度训练的海军特种部队士兵（海豹突击队）。[15] 这项训练极为严酷，有半数以上的士兵都不得不在中途选择退出（这意味着他们与赫赫有名的海豹突击队无缘了），部分原因是高强度的体能训练加之严重的睡眠不足。研究人员在“地狱周”的第三天对士兵的认知功能进行了检查，结果显示，与“地狱周”开始前相比，这些士兵的记忆力和注意力都严重受损。例如，在经历了 3 天地狱般的训练后，当要求士兵们在电脑键盘上学习执行一项按键任务时，他们多花了两倍多的时间才学会。

前额叶皮质中的儿茶酚胺与神经元功能之间存在着倒“U”形关系，正是这一关系从某种程度上解释了唤醒状态如何影响前额叶功能。我们在产生警觉和兴趣时，适量的去甲肾上腺素释放到前额叶皮质，通过使神经元的放电模式更加精确来优化神经元的功能。中等水平的去甲肾上腺素与特定的去甲肾上腺素受体（上文提到的 α-2A 受体）结合后，强化了前额叶皮质神经元间的联系，使它们能够随着时间的推移更好地保存信息。阿恩斯滕等的研究表明，在工作记忆任务中，将药物胍法辛（α-2A 受体激活剂）直接应用于猴子的前额叶皮质时，小剂量胍法辛会使该区域的神经元放电更精确，而大剂量则会破坏神经元在延缓阶段的放电能力。[16] 在压力过大的情况下，大量的去甲肾上腺素释放到前额叶皮质，并与不同类型的 α-1 受体结合，这会抑制前额叶皮质神经元的放电，损害工作记忆能力。有趣的是，有研究正在测试用阻断 α-1 受体的药物来治疗创伤后应激障碍，但目前为止结果喜忧参半。

多巴胺也会随着唤醒水平的增加释放到前额叶皮质，作用似乎与去甲肾上腺素类似。阿恩斯滕和戈德曼·拉基奇在一项对猴子进行的实验中证明，一些猴子在执行上述工作记忆任务时会承受巨大的噪声带来的压力，这削弱了其完成该任务的能力（尽管它们仍能很好地执行其他无须工作记忆参与的任务）。阻断前额叶皮质中多巴胺功能的药物能够改善承受压力的猴子的表现，而同样的药物却会使无压力的猴子表现变差。

这些研究强调了多巴胺水平需要“调节”到合适的程度才能导致最佳表现。多巴胺的复杂性真是超乎想象！

等待是最困难的

一些读者应该听说过沃尔特·米歇尔（Walter Mischel）的“棉花糖实验”，事实上那不是一项实验，而是一系列实验。这些研究实验始于20世纪60年代，当时米歇尔还在斯坦福大学任教。他在研究中测试了斯坦福校园内Bing幼儿园的学生，他们多为教职工的孩子。实验人员把这些孩子带进一个“惊喜屋”，告诉他们可以在短时间内玩一些玩具。实验开始之前，实验人员向这些孩子展示了两种不同的奖励，比如两块椒盐卷饼和两块棉花糖。虽然这项研究被称为棉花糖实验，但实际上奖励不止棉花糖这一种。奖励的设置取决于研究前对孩子们意愿的调查，所以即便是讨厌棉花糖的孩子也可能会得到其他想要的奖励。孩子们被告知，实验人员会离开房间，如果他们能够等到实验人员回来，则可以得到更想要的奖励（如两块棉花糖）；如果不想等则可以按铃召唤他们，但在这种情况下，只能得到不太想要的奖励（如两块椒盐卷饼）。在等待期间，这两种奖励要么放在惊喜屋里，要么被实验人员拿走了。

米歇尔用这个问题的不同版本测试了许多儿童，从中获得了很多重要的信息。首先，孩子们在一定程度上确实有非常好的自控力：他们中很少有人不按铃等实验人员回屋就吃食物。其次，孩子们抵抗诱惑的能力取决于延迟期间面临的情况。如果两种食物都摆在眼前，那么等待对于孩子们来说就很困难，他们平均只能坚持 1 分钟左右；而如果两种食物都不在眼前，孩子们就会更有耐心，平均等待时间超过了 11 分钟。如果提示孩子们在延迟期间去想着食物奖励，那么即使将奖励藏起来，他们也会很难等待；而如果让他们去想一些分散注意力的事，他们则可以等待更长时间。

研究中最引人注目的是 10 多年后米歇尔对受试者进行的跟踪调查。通过访谈他们的父母，米歇尔发现，那些能够抵制诱惑的孩子进入青春期后，在语言表达、专注力、胜任力、独立性等方面会有更好的表现。而那些在等待方面存在困难的孩子则更多地被描述为幼稚、固执以及容易在压力下“崩溃”。

米歇尔还获得了一部分受试者的 SAT 分数，这项分析的结果可能是他研究中最为经典的发现。有 35 名儿童参加了对自控力要求最高的一种任务——任务中两种食物奖励都呈现在他们面前，且不向他们提供任何策略来帮助其抵制诱惑——结果发现，他们的 SAT 分数和等待时间之间存在较强的关联。然而，这种关联在其他版本的测试中是不存在的。米歇尔认为，这一结果表明，这个最困难的测试任务在衡量意志力方面最有效，而意志力对日后的成功至关重要。

米歇尔也承认，35 名儿童的样本量太小，无法得出任何有力的结论，但在随后针对结果的讨论中，米歇尔略去了这一重要提示，认为该研究已证实，延迟满足能力同智力一样是成功的关键。后来，这一论调很快成为普遍的说法。

随后的研究在很大程度上证实了，延迟满足能力与日后的生活结果之间确实存在关联，但也表明这种关联比通常所描述的更为复杂。特别值得一提的是，其中两项重要研究利用了一个相对较大的数据库，即幼儿保育与青少年发展研究（Study of Early Child Care and Youth Development，SECCYD），这个数据库是由美国国家儿童健康与发展研究院（National Institute of Child Health and Development）出资创建的。该研究追踪了 1300 多名儿童的成长过程，测定了大量的教育和心理结果；也测试了 4 岁儿童的延迟满足能力。这个数据库的一个主要优点是其样本更加多样化（参与米歇尔研究的对象只是相对富裕的白人），因此对于自控力与生活结果之间的关系，它提供了一个更具概括性的观点。另一方面，该数据库只为受试儿童设定了 7 分钟的等待时间，而米歇尔实验中设定的等待时间为 15 分钟。由于等待时间短，只有约一半的儿童在等待时间结束前按铃，这使得数据分析比米歇尔的研究更难。在米歇尔的研究中，当两种食物都呈现在面前时，很少有孩子能够全程等待实验人员回来。

安吉拉·达克沃斯（Angela Duckworth）等研究了此数据库中八年级或九年级儿童的延迟满足能力与一些结果的相关性。[17] 他们发现，4 岁时的延迟满足测试与青少年时期更高的 GPA 和标准化考试成绩有关。有趣的是，他们的另一个发现是等待与体重指数有关：难以等待的儿童更容易超重。随后，达克沃斯等使用了另一套衡量自控力和智力的方法，测试了是否因为善于等待的儿童智力水平更高，所以这些儿童的自控力和学业成绩也更优秀。他们发现，等待和平均成绩之间的关系主要受自控力驱动，而不是智力。但自控力和智力对于延迟满足任务和标准化考试成绩都很重要。这反映出，相比偶尔一次的高风险考试，自控力在日常课堂行为中起到了更重要的作用。

纽约大学的泰勒·瓦茨（Tyler Watts）等随后也针对 SECCYD 数据库进行了一项研究，提出了更大的问题：延迟满足能力对日后的生活结果有多大的预测价值？瓦茨比较了受试者 4 岁和 15 岁时的数据（比达克沃斯等的测试时间稍晚）。重要的是，他还根据受试儿童的母亲是否具有学士学位来对数据进行了分组。如此操作后，他发现，母亲无学位的儿童在人口统计学上更能代表这个国家的情况，而母亲有学位的儿童更有可能来自富裕的白人双亲家庭。两组儿童在自控力方面差异非常显著。相比母亲无学位的儿童，母亲有学位的儿童在延迟满足任务中的等待时间平均多出约 90 秒，他们中只有不到一半的人会在实验开始后的 20 秒内按铃，并且这些儿童在标准化学业成绩测试中也有更好的表现。这些“等待”的差异与社会经济地位变量密切相关，但仅限于母亲无学位的儿童。对于母亲有学位的儿童，这种关系是不存在的，这可能是因为这些家庭之间的社会经济地位没有足够的可变性。瓦茨发现，在母亲无学位的儿童中，等待时间与学业成绩之间存在相关关系，但强度只有米歇尔报告的一半。或许更重要的是，他发现，在这些孩子中，等待和学业成绩之间的关系主要存在于那些在实验开始后的 20 秒内就按铃的孩子身上；对于那些能够等待更久的孩子来说，等待时间和学业成绩之间似乎没有关系。

这些结果的一个复杂之处在于，我们并不清楚孩子是否应该等待，事实上，有时候等待可能是错误的。想象一下，如果你来自一个穷人家庭，食不果腹，居住环境恶劣，然后你被带到了一个实验环境中去执行延迟满足任务。来自这种环境的孩子很可能受到过成年人的欺骗，因此理智告诉他们，应该尽快采取力所能及的措施，以确保能真正得到这些东西。塞莱斯特·基德（Celeste Kidd）等在一项研究中对这一问题进行了探索。[18] 作为艺术项目（art project）的一部分，受试者（3 ~ 6 岁儿童）在参与棉花糖任务之前先与实验人员会面。实验人员告诉孩子们，他们可以玩一套旧蜡笔，也可以等实验人员拿一套新的来。对于其中一组孩子，实验人员如约带回了蜡笔；对于另一组孩子，实验人员返回时道歉称没有其他的绘画用品了。然后，孩子们参与延迟满足任务。不出所料，当孩子发现实验人员不可靠时，他们更不愿意等待好的奖励。其他研究也表明，当儿童不信任实验人员，或者对他人有普遍的不信任感时，他们更不愿意耐心等待。这些发现表明，导致延迟满足与学业成绩之间关系的各种因素很难厘清。尽管如此，研究结果还是为我们提供了一个很好的理论基础，即延迟满足能力与日后的成功密切相关。

即刻奖励，还是延迟满足

我们对“耐心”背后的大脑系统的理解很大程度上并非来自棉花糖实验，而是来自成人在不同时间点对金钱奖励做出的决定，我们称之为跨期选择（intertemporal choice）。在标准的跨期选择测试中，受试者会面临两个选择：是现在得到一笔特定金额（如 20 美元），还是以后得到一笔更大的金额（如两个月后可以得到 30 美元）。受试者完成了许多这类选择，其中延迟奖励相对即刻奖励的好处各不相同。当人们做出这类选择时，他们往往会比经济学理论所认为的更看重眼前的回报。其结果是，他们的选择会出现动态不一致（dynamically inconsistent），也就是说，他们对不同结果的相对偏好会随着时间的推移而变化。假设今天我给你一个选择：是两周后得到 20 美元还是 4 周后得到 30 美元，几乎每个人都会选择更大 / 更晚的奖励。但如果往前快进两周，同样的选择变成了今天得到 20 美元与两周后得到 30 美元，在这种情况下，许多人会改变偏好并选择即刻奖励。这表明，人们会因时间点的不同而对同样的结果做出不同的评价，这违反了古典经济学的基本规则。这一现象还同行为改变领域的一些行为很相似，比如，某人早上决定今天一整天都不喝酒，而一旦鸡尾酒时间到来，就突然改变了主意。

我们通过数字 k 来量化一个人的耐心或不耐心程度，换句话说，它描述了延迟贬值的程度，k 值越大，表明个体越倾向于选择即刻奖励。图 4.5 展示了两个人在不同延迟时间条件下跨期选择偏好的差异。有耐心的受试者（右侧）对未来奖励的贬值程度相对较小，而对于无耐心的受试者（左侧）而言，未来奖励很快就会贬值，这就使得两人对未来的奖励做出了不同的决定：是现在得到 10 美元还是两个月后得到 17.5 美元。当 k 值足够大时，延迟贬值的程度变得很高，以至于缺乏耐心的人只在意即刻奖励，而对未来的一切漠不关心。

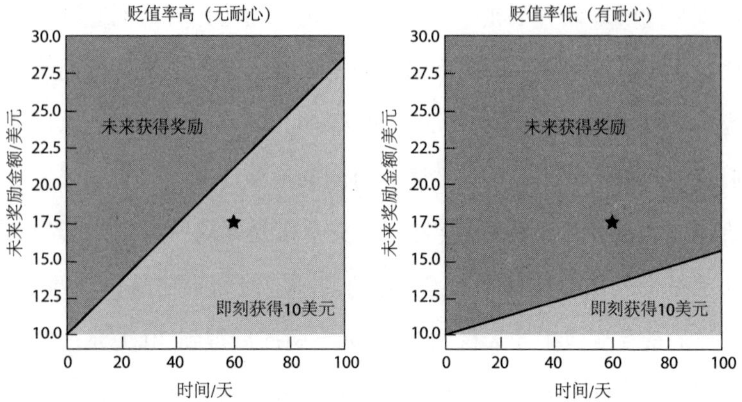

图 4.5　两名受试者的延迟贬值图示，左图受试者贬值率高，右图受试者贬值率低。图中线条显示了与即刻获得 10 美元相比，受试者愿意等待的未来奖励的最低金额。在浅色阴影区域所示的延迟时间和奖励金额的组合范围内，个体会选择即刻奖励；而在深色阴影区域所示的延迟时间和奖励金额的组合范围内，个体会选择等待未来奖励。图中的星号代表两人意见相左的具体选择：是现在得 10 美元还是两月后得 17.5 美元。左图受试者（无耐心）会选择即刻奖励，而右侧受试者（有耐心）会等待延迟奖励。

当我们观察人群时，会发现 k 值有很大的不同。例如，一项大型研究测量了 20 000 多人的 k 值，发现这些人群中 k 的最大值是最小值的 1000 多倍。研究中最有耐心的人为了得到 20.1 美元宁愿等 30 天，而放弃即刻得到 20 美元奖励；而最没耐心的人要在 30 天内获得 167 美元的延迟奖励，才会放弃即刻的 20 美元奖励。这些人在延迟贬值率上的差异似乎是遗传和环境影响的综合结果。在讨论棉花糖实验时，我们已经谈到过环境带来的一些影响。如果一个人不信任他人，那么他们更有可能选择即刻奖励而非等待延迟奖励，因为他不相信他人会履行承诺。另一个可能影响延迟贬值率的因素是一个人的社会经济地位。行为经济学家塞德希尔·穆来纳森（Sendhil Mullainathan）和埃尔德·沙菲尔（Eldar Shafir）提出，当某人经历匮乏时（穷人每天如此），他们的注意力会过分集中于解决眼前的问题，而未来对他们来说就变得无关紧要了。这可能是穷人会选择高利率且期限短的发薪日贷款的原因。正如穆来纳森和沙菲尔在一组研究中阐明的那样，贫穷（在实验中通过电子游戏场景体现）会导致人们更多地关注眼前需要，更有可能预支未来。[19]研究还表明，与这一观点一致的是收入与延迟贬值率有直接关系，与高收入者相比，低收入者对延迟金钱奖励的贬值程度更高。[20]

我们知道，遗传对于延迟贬值也有一定的影响，尽管其影响程度尚不清楚。对同卵双胞胎和异卵双胞胎的研究表明，同卵双胞胎之间延迟贬值率会更接近。根据这些数据，研究人员估计个体之间延迟贬值率的不同约有一半是由遗传差异引起的。[21]此前的几项研究声称发现了与延迟贬值率有关的特定基因差异，这些研究多聚焦在与多巴胺功能相关的基因上。然而，这些研究的样本量相对较小，导致结果无法重复。只有一项包含 2 万多名被试者的大型研究分析了整个基因组，并以此找到与延迟贬值程度相关的特定基因。该研究发现了一个与延迟贬值率有关的基因，但这个基因本身不能解释个体之间延迟贬值率的差异——事实上，整个基因组的差异也只能解释个体之间延迟贬值率差异的12%。重要的是，这项有说服力的研究并没有发现延迟贬值率与先前在一些小型研究中所发现的任何单个候选基因之间存在关系。

在棉花糖实验中，个体的行为与未来的生活结果有关。同样，延迟贬值也与未来的生活结果有关，这一点在药物滥用方面表现得最为明显。大量研究证实，药物成瘾者比非成瘾者会更快地对延迟奖励贬值。[22]但这一结果并没有告诉我们延迟贬值会导致药物成瘾。相反，可能是由于成瘾导致了更高的延迟贬值率，或者其中有某个共同因素（如社会经济地位或童年创伤）导致了成瘾和更高的延迟贬值率。

一项研究追踪了延迟贬值和吸烟之间的关系：延迟贬值是成瘾的危险因素而非结果。[23]研究发现，延迟贬值率的差异可以预测个体以后的吸烟情况，而吸烟并不能预测延迟贬值率的变化，延迟贬值率相当稳定，几乎不随时间的推移而变化。与此同时，几乎可以肯定的是，研究人员夸大了延迟贬值在药物滥用中的重要性。其中一些人甚至声称，对金钱奖励的贬值率高是成瘾行为的标志[24]，这意味着测量延迟贬值程度可以用来预测谁会成瘾。我们在研究中发现，延迟贬值率确实与药物滥用和肥胖的诸多方面有关，但它只能解释不到5%的成瘾者（如吸毒者、酗酒者、肥胖者）的个体差异。其他研究者也没有发现药物滥用模式与延迟贬值之间的密切关系。这意味着，将延迟贬值率作为成瘾的标记，肯定会把许多非成瘾者列入潜在成瘾者的队伍，如果这样的话，那就有点儿过犹不及了。

一心能有几用？

孩子们参与棉花糖实验的场景非常有趣，以至于一段相关视频在 YouTube 上疯传，浏览量超过了 700 万。[25] 当看到这些儿童抵制住棉花糖的诱惑时，很容易想到他们的理性脑正与追寻享乐的欲望中枢进行斗争。事实上，正如我在本章开头提到的那样，理性与激情之战的概念似乎同人类思维一样古老。

在神经科学和经济学中，决策的双重系统理论（dual systems）描述了冲动和理性的大脑系统之间的斗争，它在解释跨期选择中起到了重要作用。双重系统理论认为，有两个大脑系统在决策过程中发挥作用。一个是自动系统，它驱使我们快速、即时地消费奖励，而不考虑目标。经济学家塞勒和舍弗林称它为"实施者"（doer）系统[26]，沃尔特·米歇尔称它为"热系统"（hot system），丹尼尔·卡尼曼（Daniel Kahneman）称它为"系统 1"（System 1）。这个系统通常与大脑中负责奖赏的区域有关，包括伏隔核、腹内侧前额叶皮质和多巴胺能系统。另一个系统被称为"计划者"（planner）、"冷系统"（cold system）或"系统 2"（System

2），它是理性的、目标导向的和耐心的思考者。这一系统通常与外侧前额叶皮质相关联。长期以来，前额叶皮质与神经科学家所说的认知控制（cognitive control）过程有关，这一过程被认为是自控力的基本要素，它包括在工作记忆中保存信息、抵制分心、规划未来行动和抑制不想要的行动。

萨姆·麦克卢尔（Sam McClure）等在 2004 年发表了一项研究，初步的实验数据表明了跨期选择可以理解为大脑这两套决策系统之间的斗争。他们的研究基于经济学家大卫·莱布森（David Laibson）提出的双重系统模型，称为贝塔－德尔塔模型（beta-delta model）。根据这一模型，“贝塔”系统只关心眼前奖励，对任何未来奖励都不在意；“德尔塔”系统则对延迟奖励的贬值程度更低，这与标准经济理论一致。麦克卢尔收集了受试者在较早和较晚的金钱奖励之间做出选择时的 fMRI 数据。在部分试验中，较早的奖励会立即获得（比如，在今天得 10 美元或明天得 11 美元之间进行选择），而在其他试验中，较早和较晚的奖励都会延迟获得（比如，在 7 天后得 10 美元和 8 天后得 11 美元之间进行选择）。为了确定与即时系统“贝塔”相关的脑区，他们比较了所有涉及即刻奖励的试验和仅涉及延迟奖励的试验中受试者的大脑活动，这项分析确定了一团与奖赏相关的脑区，包括腹内侧前额叶皮质和伏隔核，这些区域在涉及即刻奖励的选择时比只涉及延迟奖励的选择时更活跃。

为了找到耐心系统“德尔塔”相关的脑区，他们假设所有的选择都涉及德尔塔过程，单纯寻找在所有决策过程中都活跃的区域。这项分析确定了一些脑区，包括与执行控制有关的前额叶外侧区。为了将大脑活动与选择直接联系起来，他们将受试者选择即刻奖励与选择延迟奖励时的大脑活动进行了比较，发现当受试者选择即刻奖励时，“贝塔”区更活跃；而当选择延迟奖励时，“德尔塔”区更活跃。基于这些发现，他们还回顾了伊索寓言《蚂蚁和蚱蜢》，得出这样一个结论：“在跨期选择领域中，人类的偏好特质似乎反映了我们每个人内心的蚱蜢（冲动鲁莽的边缘系统）和蚂蚁（深谋远虑的前额皮质）之间的竞争。”[27]

麦克卢尔等的研究认为，跨期选择反映了冲动和理性的大脑系统之间的竞争。但随后其他学者的研究却强烈批评了这项研究的结果，导致该领域内的许多学者拒绝接受麦克卢尔研究的观点。最主要的反对声音来自宾夕法尼亚大学的神经学家乔·凯布尔（Joe Kable）。乔早期与神经经济学先驱保罗·格里姆彻（Paul Glimcher）共同研究发现，麦克卢尔观点中所谓的“缺乏耐心的脑区”不是对即刻奖励的偏好，而是对决策的主观价值做出的简单反应，而这种主观价值在即刻选择和延迟选择之间是不同的。另有研究表明，损伤腹内侧前额叶皮质会导致受试者变得更加没有耐心，从而对未来奖励的贬值程度更大，这与人们所预测的情况恰恰相反，如果这一区域是缺乏耐心的罪魁祸首，那么破坏它应该会让被试者变得更有耐心。

另一方面，外侧前额叶皮质对于运用控制以做出有耐心的决定非常重要。与麦克卢尔的研究类似，其他一些研究也发现，当人们做出有耐心的决定时，他们外侧前额叶皮质会更活跃一些。外侧前额叶皮质损伤后如何影响延迟贬值行为，目前尚无相关研究发表，但有许多研究使用了脑刺激来短暂破坏健康受试者该区域的功能。这些研究共同表明：外侧前额叶皮质的破坏，通常会导致受试者在跨期选择任务中变得更加没有耐心，从而证实了个体缺乏耐心的倾向会受到外侧前额叶皮质的控制。

失控的冲动

学会控制自己的冲动可能是成为一个正常成年人最重要的方面之一。从发脾气到寻求关注，孩子的每一个冲动都不足为怪，但作为成年人，我们必须学会抑制这些冲动，这样才不会打扰到别人。有些人能够比其他人更会抑制自己，而患有注意力缺陷/多动障碍（ADHD）的成年人则尤为缺乏控制冲动的能力。当一个冲动的孩子带着脑海中浮现的每一个想法打断别人说话时，大人们可能会觉得他可爱，但如果一个成年人也这么做，那便是纯粹地惹人反感了。事实上，对于ADHD患者来说，一个长久的问题就是他们无法在社交场合抑制或调节自己，从而出现社交困难。

冲动是一种复杂的现象，心理学家已对其进行了几十年的研究，受试者通常会被问到如下问题：

- 你会经常凭一时冲动行事吗？
- 你会在看戏剧或听讲座时坐立不安吗？
- 你是否经常改变你的爱好？
- 解决问题会让你感到厌烦吗？

从这些问题中，你可以看到冲动的概念涵盖了精神生活的许多领域，不同研究人员试图将其提炼成不同的部分。一个广为人知且得到广泛认可的框架将冲动概括为 4 个主要方面：[28]

- 急迫性（Urgency）：当处于积极或消极的情绪中时，不经思考就采取行动的倾向。
- 缺乏坚持性（Lack of perseverance）：未能完成预期的计划。
- 缺乏预见性（Lack of premeditation）：不能做到三思而后行。
- 感觉寻求（Sensation seeking）：从事新奇而刺激的活动，即使存在危险性。

这些不同的组成部分是通过一种称为因子分析（factor analysis）的统计方法推断出来的，这种方法是总结大量调查中的共性因子的结果。

和延迟贬值一样，冲动也有很强的潜在遗传成分。桑德拉·桑切斯·罗伊（Sandra Sanchez-Roige）等的一项对大型全基因组的研究为冲动的遗传学提供了充分的证据。[29] 该项研究与个人基因检测公司 23andMe 合作，这使得研究员能够收集到大量的冲动问卷数据以及超过 2.2 万人的遗传信息；如果你是一位 23andMe 的用户，并且填写了其中一份问卷，那么你可能也匿名参与了这项研究。罗伊等研究了基因组中超过 50 万个不同位点，以了解这些位点的基因差异是否与冲动量表上的行为有关，以及是否与个体尝试吸毒有关。研究表明，冲动和许多现实世界的结果之间有密切的关系。易冲动的人家庭收入和受教育程度更低，体重更重，并且更有可能尝试过毒品。基因数据的可用性也使研究人员能够检验这些不同特质之间的遗传相关性（genetic correlation）——这些特质的相似性在多大程度上与不同个体基因组的相似性有关。有趣的是，研究表明冲动和一些消极结果之间有很强的遗传相关性，包括药物使用及精神健康问题，如抑郁症和 ADHD。这告诉我们，所有这些消极结果的遗传风险都与冲动（至少部分）有关。

目前，我们对冲动背后的大脑系统的了解还不够充分。在写这本书的过程中，当我查阅文献时，发现有大量的研究试图测量大脑功能与冲动之间的关系，但这些研究的规模几乎太小了，不足以引起重视。小型研究提供的结果是极度不稳定和不可靠的，在测量行为与大脑功能之间的相关性时更是如此。事实上，有一项研究试图重现已发表的 17 种大脑结构和各种行为指标之间的相关性（所有结果都来自样本量相对较小的实验），但未能重复之前的任何发现。根据我的经验，一项研究人脑和行为之间关系的实验，至少需要 100 名受试者，这样的结果才有可能可靠。然而，我发现，大多数这方面的研究规模都很小。而最近的研究报告则表明，这类研究要获得可靠的结果，可能需要几千人的样本量才足够。

肯特·基尔（Kent Kiehl）等研究了一组监禁的青少年罪犯和一组普通的年轻人，并首次对脑功能和冲动之间的关系进行了合理、有效的分析。[30] 这项研究的重点是使用一种称为静息态功能磁共振成像（resting state fMRI）的方法来测量脑神经网络。用这种方法测量脑活动，受试者只需要在扫描仪中安静地平躺即可。通过测量，研究人员推断出大脑的不同部分是如何联系在一起的，这项研究特别关注了运动前区 [31]，这一脑区在动作控制和行动计划中起着重要的作用。研究员发现，在普通年轻人和不太冲动的罪犯中，运动前区皮质在功能上与其他参与执行控制的大脑网络相连；而在冲动的罪犯大脑中这种连接已被破坏。他们还观察到，在个体的发育过程中也有着类似的模式，幼儿的大脑表现出较低的连通性，大体上与冲动型少年罪犯的模式相似。然而，其他研究发现，大脑的连通性和冲动之间存在不同的关系。例如，丹尼尔·马古利斯（Daniel Margulies）等于2017年发表的一项研究收集了约200名受试者的静息态fMRI，并完成了一项调查，研究人员重点关注了在认知控制中起着重要作用的前扣带回区域。[32]他们发现，前扣带回和其他大脑区域之间的连接强度因个体冲动水平不同而存在差异，缺乏坚持性与前扣带回和外侧前额叶皮质之间的连接有关。人们可能会认为缺乏坚持性的人在这些区域间的连通性较弱，但事实却是它们之间的连通性较强。但要想全面了解大脑差异与冲动之间的关系，还需要更多更大规模的研究。

让自己停下来

暴食症是指一个人的饮食完全失控的一种疾病。一位暴食症患者描述了她的第一次暴食，那是发生在与厌食症做斗争之后：

> 我早餐时想吃M&M's巧克力豆。早上7点在去学校的路上，我从一家商店买了一大袋家庭装的M&M's花生巧克力

豆……我记不得我是打算把整袋都吃了，还是在自欺欺人，以为自己只会吃一把，但饥饿感实在太强烈了，不仅仅是身体上的饥饿，还有情感上的饥饿、痛苦的饥饿。

我一边开车一边吃起来。先是一粒接一粒地吃，接着越吃越快。我不再是品尝味道，而是几乎把它们一口吞下。我感觉自己像是处于恍惚状态，机械地、不受控地一次塞几十粒巧克力豆到嘴里。我进入了一个黑洞。我的身体要求我停止进食，现在已经饱了。但我忽略了这个信号。我记不得发生了什么，但整个袋子很快就空了。一大袋 M&M's 巧克力豆就这样消失了。[33]

我们在做某事之前或在已经开始做某事的时候让自己停下来的能力，是自控力的一个重要方面，称为反应抑制（response inhibition）。反应抑制失败被认为是许多疾病的基础，比如暴食症和药物成瘾。

多年来，一种简洁而经典的实验范式一直被用于研究反应抑制，称为停止信号任务（stop-signal task）。在这一任务中，要求受试者对每一个刺激信号做出快速准确的反应。例如，实验中可能会向受试者呈现男性或女性的面部照片。如果照片是男性，则要求他们按一个按钮；如果是女性，则要求她们按另一个按钮。像这样的任务，一个健康的年轻人通常只需要不到 1 秒的时间就能完成。然而，实验中还有一个关键的指令：实验期间可能会出现另一个信号（比如，一声响亮的蜂鸣声），如果这个信号出现，受试者就需要停止做任何反应。“停止信号”出现的频率相对较低，信号是否有效在很大程度上取决于它何时出现。如果信号出现得晚，受试者已经开始移动手指做出反应，那么停止这个动作则非常困难（虽然也不是不可能）；而如果信号出现得早（比如，在刺激出现后的几千分之一秒），那么停止动作就相对容易。我们可以通过在不同的延迟时间多次呈现停止信号，并检测受试者是否成功停止了他们的反应行为，来建构一个数学模型，以此来估计一个人中断即将发生的动作所需的时间。通常来说，这个速度是非常快的，在 0.2 秒左右。

加拿大心理学家、范德堡大学教授戈登·洛根（Gordon Logan）对人们如何执行停止信号任务做了深入的研究，特别是他构建了一个数学框架，使我们能够估算停止所需的时间——停止信号反应时间（stop-signal reaction time）。虽然测算某事发生所需的时间很容易，但我们在停止信号任务中是要估算某事不发生所需的时间。洛根构建了一个名为竞争模型（race model）的框架，提出抑制的成败取决于两个不同过程之间的竞争。当刺激出现时，反应过程（go process）就开始了。在没有停止信号的情况下，这个过程通常会结束，然后导致一个运动反应。然而，当停止信号出现时，会触发一个停止过程（stop process），与反应过程产生竞争。如果“停止过程”先完成，那么反应将被成功抑制；而如果反应过程先完成，那么受试者将无法停下来。通过一些附加假设，我们可以使用竞争模型来估算不做反应所需的时间。

我在 20 世纪 90 年代读研究生的时候就认识戈登·洛根，彼时他是伊利诺伊大学厄巴纳－香槟分校的教授，而我俩的办公室中间就隔着一个大厅。然而，直到 2003 年，一位名叫亚当·阿隆（Adam Aron）的年轻研究员加入我的实验室，这时我才真正开始研究反应抑制。阿隆在非洲的斯威士兰长大，在南非上完大学后，他到英国剑桥大学读研究生。在那里，他与神经科学家特雷弗·罗宾斯（Trevor Robbins）合作，研究大脑不同部位的损伤如何影响一个人完成停止信号任务的能力。阿隆的研究表明，当个体的一部分右额下回（RIFG）受损时（见图 4.6），“停下来”的能力也严重受损。[34] 而他来到我的实验室，是想用脑成像技术更好地了解健康人的大脑是如何“停下来”的。

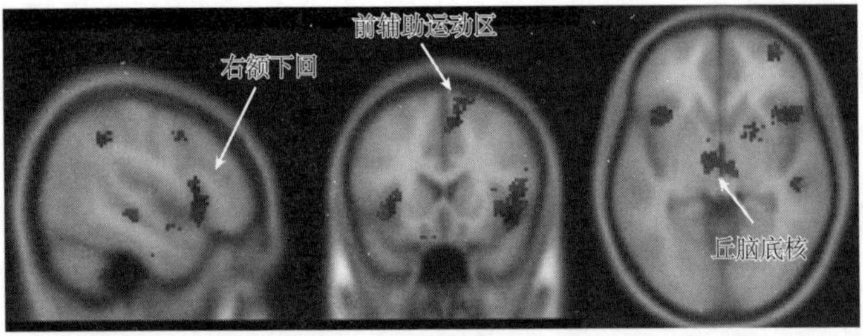

图 4.6　图中突出显示的部分是在停止信号任务中活跃的脑区，图片分析提取自 99 项相关研究（使用网上的自动元分析工具生成）。箭头所示区域是我们在 2006 年首次发现的与反应抑制相关的脑区，包括右额下回（RIFG）、前辅助运动区（pre-SMA）和丘脑底核（STN）。

阿隆进行了一项非常简单的初步研究。[35] 他用 fMRI 对受试者的大脑进行扫描，同时令他们执行简单的停止信号任务[36]，确定当一个人在没有停止信号的情况下执行反应任务，大脑的哪部分会活跃起来。我们已经深入理解了像这样的简单反应所涉及的大脑系统，所以研究实际上只是进行真实性检验。跟预期的一样，分析发现，当一个人执行反应任务时，激活了包括视觉和运动皮质以及基底神经节的壳核在内的所有区域。但对研究人员来说更为重要的问题是：当停止信号出现，受试者在执行停止任务时哪些脑区更活跃。

研究结果证实了阿隆先前的工作，显示右额下回被停止信号激活，同时激活的还有另一部分名为前辅助运动区的前额叶皮质。然而，我们也发现了另一个区域——丘脑底核的活动。你可能还记得，丘脑底核是基底神经节间接通路的一部分，激活此区域会导致行为抑制。我们在进行这项研究时突然想到，基底神经节还有一条超直接通路（hyperdirect route），前额叶皮质可以通过此通路直接激活丘脑底核。[37] 先前对猴子的研究表明，电刺激这一通路会让正在进行的行为停止，意味着它可以起到“快速停止”的作用。然而，人类前额叶皮质和丘脑底核之间还从未建立过联系。

为了确定超直接通路是否与“停止”有关，我们与牛津大学的一个研究团队进行了合作。其中，蒂姆·贝伦斯（Tim Behrens）和史蒂夫·史密斯（Steve Smith）开发了一款软件，用一种叫作纤维示踪成像（tractography）的方法实现了对大脑白质束的追踪。当我们整合同一受试者的数据时，发现执行停止任务时涉及的两处额叶区域（右额下回和前辅助运动区）都与丘脑底核有直接的白质连接。[38]

我们早期的神经影像学研究证据表明：从额叶到丘脑底核的超直接通路参与了停止任务的执行。后来的一系列研究对大鼠和小鼠进行了停止信号测试，从而更清楚地证明了丘脑底核的作用。在任务适应阶段，这些啮齿类动物先把鼻子放在一个中间位置，在那里等待，直到听见响声。如果声音尖锐，它们需要把鼻子移到一侧；如果声音低沉，则需要把鼻子移到另一侧。如果它们做对了，会得到一份点心的奖励。在大约 30% 的试次中会出现一个停止信号（一段短暂的白噪声），提示它们不要移动鼻子；如果它成功抑制了反应，便会得到一份点心奖励。由于不可能告诉这些动物任务的规则是什么，因此必须对它们进行训练。这可能需要几个月的时间，但训练一旦完成，它们就能做得很好。乔希·伯克（Josh Berke）等在大鼠执行停止信号任务时对其丘脑底核的神经元进行了记录。他们发现，当停止信号出现时，丘脑底核的确处于活跃状态。[39] 然而，无论大鼠能否成功停止，这种脑电活动都会发生；而大脑的另一部分（接受丘脑底核传入的间接通路的一部分）只有在大鼠能成功停止时才活跃。这表明丘脑底核的作用是将停止信号传递给间接通路其他部分的神经元。乔希·伯克等对这些脑区反应时间的分析也直接验证了洛根的竞争模型。他们证明了是否成功停止与基底神经节中神经元活动的相对时间有关——丘脑底核中与停止有关的脑电活动，必须在纹状体中与运动有关的脑电活动开始之前发生，停止才能成功。随后，伯克和其他人的研究表明，“停止”的大脑机制比这里所暗示的要复杂得多，但丘脑底核在其中起到的核心作用是毋庸置疑的。

揭露真实的意志力

当人们被问到为什么不能成功改变生活方式时，他们给出的最主要原因是“我的意志力不够”。甚至医疗保健人员也对意志力的作用深信不疑：一项研究发现，与超重者和肥胖者打交道的营养师认为，导致体重问题的一个最重要原因就是缺乏意志力，他们会根据对患者意志力的评估，来给出相应的建议。谈到“意志力”，大多数人会想到它是自控力的一个具体表现，其表现形式是要么对自己想要的东西说“不”（比如，多吃一份甜点），要么对自己不想要的东西说“是”（如去健身房）。长期以来人们一直认为，意志力强的人是那些善于对自己的强烈冲动说“不”的人——他们会抑制住对香烟的渴望，或者会主动选择胡萝卜而不是蛋糕。然而，越来越多的证据表明这种观点是完全错误的。

在前文中我们提到，停止信号任务被用来衡量一个人抑制自己行为的能力，如果这种抑制对意志力来说必不可少，那么我们可以认为一个人及时停下来的能力与自控力有关，而自控力通常通过本章前面提到的那种自评量表来进行测量。在最近的一项研究中，我们测量了 500 多人的反应抑制能力和自控力。[40] 接着，我们对停止信号反应时（这是对一个人停止反应需要多长时间的量化指标）和自控力之间的相关性进行了统计分析，但没有发现二者之间存在任何关系。事实上，在我们使用过的许多不同的测量方法中，我们发现测量执行控制能力的任务和测量自控力的量表之间几乎没有任何关系，而其他研究也有类似的发现。因此，要想知道个体间基本抑制能力的差异如何导致了其自控力的差异，似乎不太可能。

那些自控力更好的人似乎并非更善于抑制自己的冲动，而是更善于从一开始就避免运用自控力。这方面的证据来自威廉·霍夫曼（Wilhelm Hofmann）等于 2011 年前后的一项研究。该研究采用经验取样法（experience sampling），研究了欲望、目标和自控力之间的相互作用。[41] 研究人员给 208 名受试者每人配备了一部黑莓手机。在一天中，手机每隔几小时就会向受试者发送一个信号，让他们报告自己的体验。他们需要先报告自己是否正体验到某种欲望，或在过去的 30 分钟内是否有过某种欲望。如果有，则需要报告是什么欲望，并对欲望的强烈程度进行评分，从 1 分（没有欲望）到 7 分（无法抑制）。随后，他们需要回答一些其他问题，比如，是否试图抵制欲望、觉得欲望和目标之间有多大的冲突，等等。此外，受试者还填写了类似我前面提到的那种自控力量表。

收集到所有数据后，霍夫曼就开始考察一个人所报告的自控力水平与经验取样记录的各个不同方面的关系。如果自控力的作用是为了实现目标而抵制欲望，那么自控力较强的人应该体验到更多欲望与目标之间的冲突，更频繁地抵制自己的欲望。然而，结果恰恰相反：自控力强的人比自控力弱的人表现出更少的冲突，并且抵制欲望的次数也更少。此外，他们还发现自控力较强的人总体上就更少产生欲望，而且欲望也不强烈。

为什么那些自控力较强的人却很少需要自控力呢？宾夕法尼亚大学的布莱恩·加拉（Brian Galla）和安吉拉·达克沃斯的一项研究为这一问题提供了一个可能的答案：自控力强的人更善于建立良好的习惯。为了检验这一观点，他们首先调查了许多人的日常习惯（包括吃零食和锻炼），以及他们的自控力水平。不出所料，他们发现自控力更强的人锻炼得更多、吃得更健康。但有趣的是，他们还发现，这些人的锻炼和健康饮食更像是一种习惯，这意味着他们不需要思考就会自动做这些事。研究人员还发现，自我控制的效果是由好习惯带来的——更好的自控力预示着更好的习惯，反过来，习惯越好预示着越不需要运用自控力。[42]几项关于学习成绩和学习习惯的研究也发现了类似的结果，其中最有趣的发现是加拉和达克沃斯对 132 名参加了为期 5 天冥想静修的人开展的追踪研究。他们测量了每个人在静修开始之前的自控力，再在 3 个月后进行一次调查，看看参与者养成冥想习惯的可能性有多大。他们发现，自控力强的人在静修后更容易养成冥想的习惯，这些人觉得冥想对他们来说已经变得自然而然。

这项研究表明，意志力并非人们吹捧得那么好。接下来我要讨论的问题是：为什么某些特定的习惯很难改变。同样，我们将会看到，意志力所发挥的作用并没有我们想象得那么重要。

第五章

上瘾：导向负面的惯性行为

从流行歌曲的曲名来看，一个人几乎可以对任何东西成瘾。比如，对歌手罗伯特·帕尔默（Robert Palmer）的*Love*、The Buzzcocks 乐队的*Orgasm*、Ice-T 乐队的*Danger*和 Puretone 的*Bass*，都能让人上瘾。然而神经科学家认为，成瘾（addiction）指的是强迫性地、无法控制地参与某一特定行为，尽管这种行为会对成瘾者造成伤害。[1]最常见的情形是对某种化学物质成瘾。此外，行为成瘾（behavioral addictions）也开始受到越来越多的关注，包括赌博成瘾和手机成瘾等。显然，成瘾是一种极其复杂的现象，导致成瘾的原因有很多，成瘾研究人员概述了从最初使用药物到成瘾的过渡过程中发生的一些大脑变化。

令人上瘾的药物

> 这真是太奇怪了，感觉一切都在融化，我觉得一切都无所谓了。这种感觉持续了五六小时，我感到恍惚……我不想做别的，只想要那种感觉。[2]

这是一个人对第一次吸食毒品的体验的描述。药物成瘾最初都源于这类令人恍惚的体验，但不同药物带来的体验可能会有所不同：从海洛因带来的瞬间宁静感，到可卡因带来的欣快感，再到酒精带来的眩晕感。尽管成瘾者的体验会有这些差异，但相同的是，所有滥用的药物似乎都会导致多巴胺水平的提高，尤其是在伏隔核中。一些药物通过影响一种叫作多巴胺转运体（dopamine transporter）的蛋白质直接起作用。多巴胺转运体是一种分子泵，能清除释放到突触间隙中的多巴胺，并回收到神经元，使其得以循环利用。可卡因可以阻断多巴胺转运体的作用，而安非他命则能使多巴胺转运体反向运作，将更多的多巴胺泵回突触。其他药物则可以更强烈地激活多巴胺能神经元，要么直接激活（如尼古丁和酒精），要么通过降低多巴胺能神经元抑制细胞的活性间接激活（如阿片类药物和大麻）。

这些药物功效之所以如此强大，其中一个原因是它们使多巴胺能神经元以非自然的方式活动。人们普遍认为，与自然奖励物相比，成瘾药物会导致更大的多巴胺释放量，但这一说法很难得到证实。多巴胺能神经元会在短时间内对意外奖励或预期奖励出现前的线索做出反应。释放的多巴胺相对较快地被多巴胺转运体吸收，同时被突触中存在的各种酶分解。这意味着大部分多巴胺消失得相对较快。然而，多数成瘾药物都会在人体中维持持久的药效，导致多巴胺的释放量远超正常范围。对于药物滥用是否会使人体释放出比自然奖励时更多的多巴胺，目前还不太清楚。

许多关于多巴胺反应大小的研究都使用了一种名为微透析（microdialysis）的技术，这种技术可以测定从大脑某个区域提取的液体中的多巴胺含量。通过微透析研究，人们发现，药物引起的多巴胺释放量普遍要比自然奖励时多得多，但这也可能是因为测定多巴胺量的时间较长，因此无法区分奖励引起的多巴胺释放量和反应持续时间内的多巴胺释放量。另一种方法是快速扫描循环伏安法，它可以更快地测定多巴胺释放量。运用这项技术，研究发现，药物引起的多巴胺释放量并没有明显多于自然奖励时的多巴胺释放量。因此，在用药习惯形成过程中，药物的作用似乎在于它引起了多巴胺的持续释放。

多巴胺对行为的影响非常大。很早以前人们就已经知道，刺激多巴胺能神经元可以驱动动物产生强烈的行为动机，而光遗传学工具的进步使研究人员能够更精确地将多巴胺与这些行为的发展联系起来。在这类研究中，腹侧被盖区的多巴胺能神经元受到光刺激，会导致多巴胺释放到其输出端，包括基底神经节。直接刺激这些神经元类似于向动物体内注射可卡因一类的药物，但效果更加明确和即时，因此我们可以更确信刺激的结果反映了多巴胺的作用。斯坦福大学的卡尔·戴瑟罗斯（Karl Deisseroth）实验室对多巴胺在驱动动物行为方面的作用进行了研究，得出了令人信服的结果。在一项研究中，研究人员让小鼠在笼子里自由探索，但一旦小鼠到笼子的某个特定位置时，就刺激它们的多巴胺能神经元，这会导致它们花更多的时间待在笼子的那个特定位置，这称为条件性位置偏好（conditioned place preference）。伊拉娜·威滕等耗费数十年的研究表明，当让小鼠通过按压踏板去自我刺激大脑中的多巴胺能神经元或其附近神经元时，在某些情况下，小鼠居然可以不吃不喝，在 1 小时内按压踏板达 7000 多次。[3] 在另一项实验里，威滕在笼子里设置了两个孔洞，当小鼠把鼻子放入其中一个孔洞时，对它们的多巴胺能神经元进行光遗传学刺激。小鼠很快就学会了这一点，它们能在一天之内把鼻子放入那个孔洞数千次！这些结果表明，多巴胺刺激会导致动物产生强迫行为，我们常常将这些强迫行为与药物滥用联系起来。

毁灭大脑的毒品

20世纪80年代，美国无毒品伙伴组织（Partnership for a Drug-Free America）制作了一则著名的电视广告[4]，内容如下：

> 这是你的大脑（举起一个鸡蛋）。
>
> 这是毒品（指着煎锅）。
>
> （将鸡蛋打入煎锅）
>
> 这就是你的毒瘾脑。你有什么想说的吗？

当然，现实中毒品影响大脑的机制要复杂得多，况且这则广告的戏剧性情节与现实中许多人的吸毒体验并不相符，但它表明，吸毒既会对大脑产生即刻影响，也会产生持久影响。

吸毒会导致大脑中许多神经元的功能发生变化，其中一些变化是短期的，而另一些影响可能会持续很长时间。吸毒的直接后果是多巴胺能神经元变得高度敏感。事实上，摄入任何具有成瘾性的药物后，似乎都会发生这些变化。[5]这些变化至少会持续几周，一部分原因可以归结为突触的可塑性机制，此外，由于发生的变化会造成药效持续时间更长，特别是当大脑基因活动的调节发生了改变，包括表观遗传学（epigenetic）变化，导致了包括伏隔核在内的区域的基因表达发生了变化。

董岩和埃里克[6]提出了一个有趣的想法：吸食某些毒品（如可卡因）可能会重新唤醒某些大脑可塑性的分子机制，尽管这种可塑性在生命早期是必要的，但成人的大脑中基本上不存在这种机制。成人大脑中的一些突触在正常生理条件下基本不发送信号，因此也称为沉默突触（silent synapse），它具有突触的结构，但缺乏特定形式的谷氨酸受体，而这些受体是正常突触传递活动所必需的。虽然沉默突触在成人大脑中很少见，但在大脑发育过程中却非常丰富。在大脑连接的早期发育过程中，沉默突触向活跃突触的转换发挥着重要作用。然而，有证据表明，接触可卡因会促使成年啮齿动物的大脑中产生这种沉默突触。由于沉默突触具有在大脑中快速建立新连接的潜在机制，因此沉默突触向功能突触的转化可能是导致长期吸毒的一种机制，但目前这一点仍存在争论。

虽然在初次或间断性吸食毒品后，生物学上的改变会让大脑对毒品的影响更加敏感，但长期吸食毒品则会导致另一种变化，即耐受性的变化。这种变化主要反映了大脑的适应性，即试图通过中和毒品的作用来维持大脑的稳定状态。美国国立药物滥用研究所（US National Institute for Drug Abuse，NIDA）所长诺拉·沃尔科夫（Nora Volkow）为我们提供了这方面的证据。沃尔科夫等研究了可卡因成瘾者和健康非成瘾者的大脑对静脉注射哌甲酯（利他林）的反应，在引起多巴胺释放方面，哌甲酯与可卡因有相似的作用。[7]在注射期间，健康受试者报告了一种兴奋和躁动的感觉，这种感觉比可卡因成瘾者的感受强烈，而可卡因成瘾者则报告了对可卡因的强烈渴望。当沃尔科夫等测定各组中多巴胺能系统的功能时，发现与对照组相比，成瘾者对可卡因的反应要小得多，这表明他们的多巴胺能系统已经适应了可卡因的存在，所以需要更大剂量的可卡因刺激才能在大脑中获得相同水平的多巴胺反应。另有研究表明，随着时间的推移，大脑中也存在与药物滥用有关的结构变化，在伏隔核中，多巴胺能神经元萎缩，其他神经元则额外增生。久而久之，这些变化很可能会导致成瘾者增加他们的摄入量，同时，当瘾君子试图戒断毒品时，这些变化也可能会引起戒断症状。

吸毒成瘾最显著的一个方面在于，各种与毒品相关的诱因会在多大程度上引发强烈的渴望。特里·罗宾逊和肯特·贝里奇提出的“激励显著性”概念描述了特定诱因会在多大程度上导致获得特定奖励的动机，通俗地说，就是个体有多么“想要”某种奖励。他们进一步指出，吸毒成瘾后，人体发生的一个重要变化是大脑对毒品相关诱因的激励显著性变得十分敏感，这会导致对毒品的强迫性需求，进而导致强迫性吸食（即使吸毒本身已经不那么让人愉快了）。这种对激励越来越敏感的过程也可能导致个体对与毒品相关的诱因产生越发强烈的注意偏向。

由冲动变为习惯

英国神经科学家特雷弗·罗宾斯和巴里·埃弗里特（Barry Everitt）提出了一个关于成瘾的神经科学新观点，即成瘾的发展涉及从冲动性到强迫性的转变。[8] 这一观点颇为流行，他们认为，最初尝试毒品与感觉寻求倾向和冲动性有关，而成瘾中的强迫性用药则涉及从目标导向行为到习惯的转变。

“冲动”的概念对于不同的研究人员有不同的含义。对罗宾斯和埃弗里特来说，冲动主要指的是认知控制，即反应抑制和等待。他们之所以关注这些概念而不是与自我报告的冲动相关的其他概念，原因是他们的方法在研究人类的同时还涉及动物模型的构建。出于这个原因，他们还设计了一项任务，专门用来测量大鼠“耐心等待”的能力，称为五项选择连续反应时任务（five-choice serial reaction time task, 5-CSRTT）。在这项任务中，研究人员训练啮齿动物等待视觉信号，通过把鼻子伸进盒子里 5 个孔洞中的一个来获取食物。对冲动性的测量方法是，记录在信号灯亮之前大鼠把鼻子伸进孔洞的频次（如果大鼠这样做了，它会被罚进入暂停期）。大鼠的冲动性存在个体差异，一些冲动的大鼠尽管受到了惩罚，但还是会过早做出伸鼻子的反应。

在 2007 年发表的一项研究中，罗宾斯和埃弗里特研究了这种冲动是否与多巴胺功能有关。[9]他们用小型扫描仪采集了大鼠的脑功能图像，以便找出每只大鼠的伏隔核中有多少多巴胺受体。在冲动大鼠的脑中，可与示踪剂结合的多巴胺受体明显减少。接着，他们测试了这种差异是否也与成瘾有关。他们让大鼠通过按压一个杠杆来吸食可卡因，一些大鼠被认定为“特别冲动”，而另一些被认定为“有耐心”。在 20 多天的测试中，两组大鼠都按下了可卡因杠杆，但冲动的大鼠自我给药的次数比有耐心的大鼠多 50%。此外，该研究团队的其他研究发现，在海洛因使用上并不存在这样的关系，这表明对不同药物的成瘾可能涉及不同的机制。

就在这篇论文发表后不久，我与加州大学洛杉矶分校研究成瘾的专家埃迪斯·伦敦（Edythe London）合作进行了一项研究，希望在人类身上测试这一理论。[10]我们对两组受试者进行了扫描，这让我们可以测量他们纹状体中多巴胺受体的可用性。其中一组是健康人，另一组则是长期（平均 10 年）滥用甲基苯丙胺（冰毒）的人。受试者还完成了一项旨在测量他们冲动水平的问卷调查。对比扫描结果，我们发现药物滥用者纹状体中多巴胺受体的可用性较低。而当我们研究冲动和多巴胺之间的关系时，发现那些最冲动的药物滥用者多巴胺受体的可用性也是最低的。在达拉·加雷曼尼（Dara Ghahremani）的后续研究中，还发现了多巴胺受体与停止信号任务中的表现之间的关系——最难停下来的受试者，其多巴胺受体的可用性也最低。这项研究在人类身上证实了罗宾斯和埃弗里特在大鼠身上得到的研究结果，并在反应抑制、多巴胺和药物滥用之间建立了更强的联系。

有关冲动性－强迫性的论述还有一个重要观点，认为成瘾中的强迫性用药经历了这样一个过程——从目标导向行为到习惯，最后再到强迫性用药。鉴于多巴胺在成瘾和习惯学习中的核心作用，这一点听上去的确有道理，而对大鼠的研究使神经科学家们得以深入了解这个问题。研究人员对大鼠的强迫性用药进行了考察，实验中，他们先让大鼠自我给药，但随后大鼠需要忍受轻微的足底电击，才能继续获得药物。如果大鼠进行自我给药训练的时间不长，它们会因为不愿承受足底电击而放弃自我给药。然而，经过了几个月的自我给药训练，一小部分大鼠（约 20%）会为了获得药物而忍受足底电击。这一模型为理解强迫性用药的大脑系统提供了一个有用的工具。我们稍后还将看到，对于为什么只有部分药物使用者会成为瘾君子，这一模型也提供了有趣的见解。巴里·埃弗里特等发现，当纹状体中与习惯有关的区域失活时，强迫性可卡因滥用行为（不顾惩罚继续用药）就会消失。[11] 大脑的习惯系统似乎对强迫性用药的形成至关重要，至少在这种特殊的啮齿动物模型中是如此。

我在前文中描述了基底神经节区多巴胺信号螺旋的概念，其中，纹状体的高级区域将多巴胺信号发送到更靠近运动区的脑区，而运动区对习惯是必不可少的。这种结构似乎对药瘾习惯也很重要。大卫·贝林（David Belin）和巴里·埃弗里特的研究表明，大鼠要形成可卡因觅药习惯，就需要伏隔核触发多巴胺的释放并输出到背侧纹状体，遵循螺旋模式。[12]其他研究也证实了这一点，他们记录了用药过程中多巴胺的释放情况，结果显示，随着时间的推移，纹状体中的特定部位会释放更多的多巴胺，这些部位对习惯的形成至关重要。

一些研究已经检验过前额叶皮质的不同区域在强迫性反应中的作用。过去有研究表明，大鼠那小小的前额叶皮质也会有功能的区分，其中的不同区域分别参与了惯性行为与目标导向行为：前边缘皮质对于目标导向行为来说是必需的，而下边缘皮质对于习惯的形成和维持必不可少。安东尼洛·邦奇（Antonello Bonci）等的研究表明，前边缘皮质在大鼠强迫性用药的形成过程中起着核心作用。[13]他们训练大鼠的可卡因自身给药行为，然后识别出那些表现出强迫性用药的大鼠。他们发现，强迫性用药大鼠的前边缘区的神经元反应性要比非强迫性用药的大鼠弱得多。当研究人员利用光遗传学技术激活吸毒大鼠的前边缘区时，发现它们的用药量大大减少了。相反，抑制前边缘区会导致普通大鼠表现得像强迫性用药的大鼠一样，即使面对惩罚也会自我给药。这表明，惯性行为和目标导向行为之间的平衡有赖于前额叶皮质不同部位活动之间的平衡。

在强迫性用药的形成过程中，习惯系统和目标导向行为系统都有参与。越来越多的研究者不再把成瘾看作由不受控的习惯发展而成的或是由自控力不足所导致的，而把它看作这两个过程之间的失衡。[14] 该领域的研究尤其受到“基于模型的强化学习与无模型的强化学习”观点的影响。在 2016 年发表的一项大型研究中，克莱尔·吉兰（Claire Gillan）和纳撒尼尔·丹招募了近 1500 人完成了一项关于各种心理健康问题的调查，包括进食障碍、酒精成瘾和侵入性思维等，并让他们执行两步任务。[15] 研究者发现，在“强迫行为和侵入性思维”这一维度上症状水平较高的人，更少使用基于模型的学习，而更多使用无模型的学习。另一些研究对几种不同的成瘾障碍患者群体进行了研究（包括甲基苯丙胺滥用者、酒精滥用者和暴食症患者），其结果一致表明，这些人具有较低的基于模型的决策水平。因此，成瘾似乎并不是由于习惯或目标导向行为出了问题，而是反映了这两种系统之间的失衡。

压力与成瘾

我们常常关注麻醉药物带来的好处，但同时我们也应该看到它被滥用的阴暗面。布里安·林克（Brian Rinker）描述了阿片类药物的戒断反应，那感觉如同身在地狱：

> 对许多成瘾者来说，完全戒断症状通常是打哈欠、流鼻涕、背痛、皮肤敏感或腿不舒服。对于我来说，小便时有轻微的刺痛感则是海洛因作用逐渐消失的迹象。
>
> 本来这些迹象只会引起很小的烦恼，但在我身上却引发了一场绝望的恐慌。最好尽快把海洛因或某种阿片类药物注入体内，否则我会经历一场可怕的疾病，我愿意采取一切可能的措施来预防它，那些感觉包括出冷汗、恶心、腹泻和身体疼痛，所有这些都伴随着抑郁和焦虑，让你除了想着自己病得有多重之外什么都做不了。[16]

我们的身体有着精细的调节系统，可以将血糖和温度保持在安全范围内。大脑也有一系列复杂的过程，防止神经元受到过度的刺激，这些系统是戒断反应的核心。其中一些变化发生在奖励系统内部。虽然短期接触药物会增加奖励系统的反应，但随着时间的推移，大脑对多巴胺的反应会受到抑制，大脑会试图在多巴胺水平较高的情况下使活动正常化——实际上这是为了防止神经元自我耗竭。这也就解释了为什么我们会观察到甲基苯丙胺滥用者的多巴胺受体水平较低。

然而，在奖励系统之外还发生了另一组变化，可能会产生更糟糕的影响。这些变化发生在几个与压力有关的大脑系统中。大脑对压力做出反应的主要系统称为下丘脑 - 垂体 - 肾上腺（HPA）轴（见图 5.1）。当一个人面临压力时，下丘脑会释放一种名为促肾上腺皮质激素释放因子（CRF）的激素。这种激素会到达垂体，导致垂体释放促肾上腺皮质激素（ACTH）进入血液。ACTH 进入位于肾脏顶部的肾上腺，使肾上腺将应激激素皮质醇释放到血液中。大脑中的皮质醇受体以负反馈的方式协助控制 ACTH 的释放，以确保皮质醇的水平不会太高。重要的是，大脑的许多部分都存在 CRF 受体，这些受体与奖励和情绪有关，个体在吸食毒品后，这些受体似乎变得敏感了，所以导致了吸毒者在戒断时应激反应增强。动物模型研究表明，CRF 的活动与吸毒者在戒断状态下产生的焦虑反应尤其相关。一些实验表明，阻断 CRF 的作用会降低长期滥用毒品的啮齿动物在戒断时的焦虑反应。

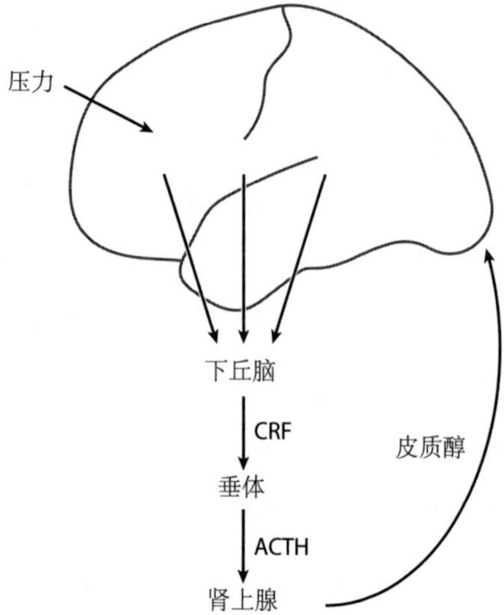

图 5.1 大脑压力系统示意图。当大脑感受到压力时，就会向下丘脑发送信号，导致促肾上腺皮质激素释放因子（CRF）的释放，进而使垂体释放促肾上腺皮质激素（ACTH）。这会导致肾上腺释放皮质醇进入血液，进而影响大脑功能。

戒断的另一个突出的方面，是烦躁不安的消极情绪状态，这与大脑中阿片类药物系统的变化有关。就像多巴胺一样，阿片类受体也有不同的亚型，分别具有不同的作用。其中，Kappa- 阿片受体反而与消极情绪状态有关，激活这些受体的药物会导致情绪紊乱以及做梦般的意识状态，阻断这些受体则会减轻大鼠的药物戒断症状。这些受体可由一种称作强啡肽（dynorphin）的激素激活，而强啡肽在药物成瘾的动物大脑中含量会增加。

大脑的压力系统和奖励系统之间的紧密联系，有助于解释为什么压力是戒毒者复吸的强大诱因。这一联系似乎是一个恶性循环：吸毒导致大脑压力反应的变化，而压力导致毒品激励显著性的增加。最终，压力会削弱前额叶皮质控制我们行为的能力。

此外，压力似乎还会调节习惯和目标导向行为之间的竞争关系。马克·帕卡德在大鼠身上证明了这一点，他发现在训练大鼠走十字迷宫之前给它们施加压力（例如，在它们周围释放捕食者的气味），会导致它们在学习过程中更依赖于习惯系统。最后，压力似乎也增强了诱因通过巴甫洛夫工具性转移触发反应的能力。肯特·贝里奇等的研究表明，将 CRF 注射到大鼠伏隔核中，与注射安非他命类似，可以增强巴甫洛夫工具性转移，这表明压力对我们的奖励系统产生了强大的影响。[17]

上瘾只是一种惯性行为吗？

我在前文中举了一个例子：一名吸毒者为了获取止痛药而实施了复杂的计划。这个例子表明，尽管觅药行为很顽固，但它似乎是目标导向的，并具有一定的灵活性，而这种灵活性在习惯化的日常行为中是不存在的。

成瘾代表着意志力薄弱，这个观点换个说法就是，成瘾反映了目标导向控制程度的降低。然而，如果你以安克·斯诺克（Anke Snoek）等的方式问成瘾者这个问题，他们的答案就不太符合意志力薄弱的观点，而更符合目标导向行为过强的观点——

成瘾者的目标是获得并使用药物。[18] 正如其中一名参与者说："我在吸毒上意志很坚定。我的问题就是意志太坚定了。" 作家克里斯宾·萨特韦尔（Crispin Sartwell）这样描述："扪心自问，是什么让你在周围人都劝你戒毒的时候还能坚持下去？这意志力得有多强大啊。"

事实上，越来越多的研究者认为，在成瘾中观察到的觅药行为可能是目标导向的，而非习惯性的。动物研究的确表明，一些简单的行为（如按压杠杆）带来的药物或酒精奖励最初是目标导向的，但随着时间的推移就变成了习惯。然而，与我们人类获取药物的复杂计划和行动相比，动物的这些行动又是高度简化的。特里·罗宾逊等研究了当大鼠为了获得一个自我施用可卡因的机会而被迫做一项更复杂的行为时会发生什么（这个行为是每天解一个新谜题）。[19] 这些谜题相当复杂。例如，大鼠必须在一个杠杆上按压 4 下，然后转动轮子两圈，如果它们正确完成所有操作，就有机会按下另一个杠杆，从而获得可卡因。大鼠为了学会这一点要经过大量训练，而一旦它们学会了，就会出现啮齿动物的成瘾症状（至少一部分大鼠是这样）——它们会增加药物的摄入量，做出更多努力去获取药物，即使已经无法再获得药物，觅药反应依然很强烈。然而有人指出，这并不是强迫性觅药的有力证据。由于任务很复杂而且谜题每天都在变，这种行为不可能依赖任何类型的习惯，而只能依赖目标导向的控制。

对目标导向行为的过度依赖可能会导致成瘾行为，这里有几种情况。一种是毒品奖励的目标价值变高了，以至于超过了任何其他可能的目标或行为，就像罗宾逊和贝里奇所说的，对激励变得越来越敏感。埃克塞特大学的李·霍加斯（Lee Hogarth）提出，毒品的目标价值变高，是因为它能缓解吸毒者在戒毒期间产生的消极情绪。[20] 还有证据表明，啮齿动物的强迫性吸毒与眶额皮质和伏隔核之间神经连接的可塑性有关，神经连接的可塑性有助于我们了解各种事物（如食物或毒品）在个体心目中的价值。

另一种情形是目标成为习惯，这也会导致成瘾行为，这与费尔瑞·库什曼的研究是一致的。这里最重要的一点是，毒品对大脑中的许多系统都有巨大影响，所以我们不要把成瘾中所发生的许多行为变化归结为任何单一的原因。习惯当然是成瘾的一个部分，但只是一部分。

“食物就是我的毒品”

与毒品不同，食物是几乎所有人每天都会摄入的东西。如果长期得不到食物，我们就会饿死。然而，越来越多的人声称对食物上瘾。脱口秀主持人奥普拉·温弗瑞（Oprah Winfrey）有句名言："食物就是我的毒品。食物之于我，就像毒品之于瘾君子，它让我感到舒适、平静、解压。"她的说法令许多有体重问题的人产生了共鸣。有些人的饮食行为明显非常紊乱，如暴食症患者。然而，从科学的角度来看，"食物成瘾"的概念仍然存在争议，尤其是在探讨肥胖这一普遍现象与食物的关系时。

值得注意的是，肥胖是一种复杂的现象，几乎可以肯定的是，对于不同的人群、不同的地区，肥胖有着许多不同的原因。心理因素和饮食行为显然在其中产生了一定的影响，但它们并非导致肥胖的唯一因素。事实上，一些研究整合了多方面的信息，试图预测谁会随着时间的推移而变胖，但收效甚微。例如，一项研究对 1000 多名芝加哥儿童进行了追踪，从他们 5 岁一直追踪到 35 岁，目的是测试儿童时期的各种因素（如家庭和邻里环境等）能够在多大程度上预测 35 岁时的肥胖。[21]

研究人员将诸多可能的因素都纳入了分析，却发现只能解释大约 10% 的成年期的体重变化。心理因素似乎在其中起到了重要作用，但这种作用也是相对有限的。在一项对 500 多人进行的研究中，我们进行了大量的心理调查（包括关于饮食行为的具体调查）和自我体重报告，结果也只解释了不到 20% 的人群肥胖差异。[22] 因此，与饮食行为相关的心理因素固然重要，但发达国家肥胖的人越来越多并非全是由心理因素导致的。目前为止，儿童肥胖的最佳预测指标是母亲是否肥胖[23]；肥胖母亲的孩子比苗条母亲的孩子肥胖的可能性高出 6 倍以上，这可能反映出遗传和环境因素的复杂交叉。然而，这一发现并没有让我们深入了解肥胖的潜在原因，而如果我们想预防和治疗肥胖，充分了解它的成因将是我们的终极目标。

在美国和许多其他发达国家，食物环境无疑是导致近年来肥胖人群激增的主要原因。很明显，人们现在每天吃的食物与人类进化过程中食用的大多数食物截然不同，现在的大部分食物都是经过加工的，而不是纯天然的。对美国人饮食的研究发现，美国人摄入的大部分食物都经过了过度加工，这意味着其中含有日常烹饪中不会使用的添加剂，如人工香料、质地增强剂或其他化学添加剂。[24] 这些过度加工食品含糖量特别高，原因很简单：人们喜欢糖，如果某种食物吃起来是甜的，我们通常会多吃一些。几乎所有加工食品的配料表上都有甜味剂。即使是那些未经加工的食物，也与我们祖先的饮食没什么关系。虽然我们不知道几千年前野生水果的含糖量，但吃过野浆果的人都知道，它们明显没有我们在商店买的包装浆果甜。事实上，提高果实的含糖量是现代水果育种的一个重要方面。一篇来自园艺研究杂志的文章提到了最近桃子销量的下降："含糖量是消费者能够感知的最重要的品质特征之一，因此，培育含糖量高的新品种桃是育种计划的主要目标"。[25] "高糖分"一词确实可以用来描述当今整个美国的标准饮食。

过度加工食品对我们的影响是：会使我们吃得更多。美国国立卫生研究院（NIH）的凯文·霍尔（Kevin Hall）等的一项研究为此提供了最新的证据[26]：招募了一组受试者，让他们在NIH临床医学中心居住28天，其间为他们提供膳食并密切监测食物摄入量。在研究的前14天，20名受试者被分配到两种膳食计划中：一种是“过度加工饮食”，类似于美国标准饮食；另一种是“未加工饮食”，由经过最低限度加工的食材烹制而成。重要的是，两组菜单是相互匹配的，所以提供给受试者的热量和各种营养物质（如碳水化合物或脂肪）的总量几乎相等。参与者可以自由地摄取食物，研究人员测量了他们每天的食量、体重以及许多其他生物学指标。实验进行14天后，每名受试者都在接下来的14天换成另一种饮食，这称为交叉试验设计（crossover study design），即对每个人进行两种饮食的比较，从而提供更大的统计功效。实验结果表明：“过度加工饮食”者吃得更多（每天多约500卡），他们的体重和体脂含量都增加了，而“未加工饮食”者的体重和体脂含量都降低了。然而，有批评者指出，这项研究规模太小了。虽说事实的确如此，但这项研究仍然提供了一个有说服力的证据，证明了现代食品加工是多么有效地导致了我们吃得更多、长得更胖。我们的食物环境似乎是经过故意设计的，目的就是让我们吃得更多，所以我们会对这些食物上瘾。

神经科学中对食物成瘾的研究更多依赖于对啮齿动物模型的

研究。与数量巨大的药物成瘾研究文献相比，食物成瘾研究还处于起步阶段，但它还是为大脑对美食的反应与药物滥用之间的关系提供了一些线索。保罗·约翰逊（Paul Johnson）和保罗·肯尼（Paul Kenny）进行过一项研究，观察了当给大鼠提供一种“自助式”饮食时会发生什么，这种饮食比普通鼠粮更美味、能量更足。[27]结果是大鼠吃了很多，变得肥胖，摄入的热量几乎是只吃普通鼠粮的大鼠的两倍。为了测试这如何影响大鼠对奖励的反应，研究人员给大鼠提供了一个机会，去刺激植入其下丘脑外侧区（与进食有关的脑区）的一个电极，研究人员测量了让大鼠持续做这个动作需要多少刺激。测试结果表明，肥胖大鼠需要更多的刺激，这意味着它们对奖励的反应总体上减小了。此外，当研究人员观察这些大鼠纹状体中的多巴胺受体水平时，他们发现，肥胖大鼠的多巴胺受体水平要低得多。大鼠越胖，纹状体中的多巴胺受体越少——这与药物滥用者相似。另有一些研究更具体地研究了啮齿动物是否会对糖成瘾。他们给大鼠提供糖，然后长时间剥夺，当大鼠再次得到糖时，它们会“狂吃”糖；此外，研究员还发现，在停止吃糖后，大鼠会出现焦虑和类似抑郁的症状。[28]另一个有趣的事实是，饥饿感会增加大鼠对大脑某些区域进行自我电刺激的意愿，而饱腹感则会降低这种意愿。这可能印证了一个事实，即胃饥饿素（一种胃肠激素，作用在于增进食欲）和瘦素（一种脂肪因子，作用在于减少食物摄入）都与多巴胺有直接关系：胃饥饿素导致多巴胺的释放，而瘦素则减少了多巴胺能神经元的活动。

虽然有关食物成瘾的动物研究表明，食物奖励和药物奖励之间存在明显的重叠，但大脑对药物的反应与对自然奖励（比如，糖）的反应也存在明显的差异。[29] 特别是，伏隔核神经元似乎对食物奖励和药物奖励都有反应，但这些反应彼此不同[30]，也就是说，大脑的奖励系统处理食物奖励和药物奖励的方式不同。此外，实验室的特殊环境似乎对大鼠形成成瘾行为十分重要，而只有在长时间停止吃糖后间歇性地给糖时，大鼠才会对糖上瘾；如果可以自由地吃糖，它们并不会狂吃一通。所以，这会让人怀疑这样的实验结果在人类中是否具有普遍性。

越来越多的证据表明动物对食物存在成瘾反应，但人类对食物成瘾的概念仍然存在争议。[31] 神经科学家保罗·弗莱彻（Paul Fletcher）等提出了一系列担忧，他们指出研究中定义“食物成瘾”的方式存在问题，并且用于支持人类食物成瘾观点的证据不足。这些研究试图用研究药物成瘾的方法来研究肥胖，做法就是找出与肥胖相关的大脑奖励系统或多巴胺能系统的差异——例如，比较胖人与瘦人大脑中多巴胺受体的差异。[32] 然而，其中的许多发现都来自小型研究，在大样本中进行测试时结果无法得到重复。[33] 来自全基因组关联研究的结果也普遍显示，与肥胖相关的基因变异和与成瘾相关的基因变异之间几乎没有关系。

最近，爱沙尼亚塔尔图大学的乌库·瓦伊尼克（Uku Vainik）和蒙特利尔神经学研究所（Montreal Neurological Institute，MNI）的阿兰·达格尔（Alain Dagher）的研究为饮食过量和药物成瘾之间的关系提供了更好的证据。他们指出，对食物成瘾及相关行为进行定义可以有很多方式，可以用“非控制进食”(uncontrolled eating）这个更具概括性的概念来理解，它指的是对食物奖励高度敏感，同时又缺乏控制饮食的能力。[34] 他们通过测定肥胖、非控制进食以及一些成瘾障碍与一系列人格特征的关系来研究这些群体之间的关系；从本质上说，他们测试的是这些不同群体之间的“个性特征”是否相似。结果发现，肥胖者与成瘾者在个性特征上关系较弱，而非控制进食者与成瘾者之间关系更为密切。[35] 并且，与非控制进食有关的大脑活动也存在着差异。瓦伊尼克和达格尔通过一系列脑成像研究发现，从总体上看，前额叶皮质的活动（在涉及食物奖励的任务中）与非控制进食行为相关；前额叶皮质更活跃的人非控制进食的可能性更小。他们把这一结果解释为，非控制进食与较弱的自控力有关，但这种推理方式是存在问题的，我在《读脑术》（*The New Mind Readers*）一书中详细讨论过，这叫作反向推理（reverse inference）。总的来说，对非控制进食的研究表明，虽然有些人表现出的饮食行为与药物滥用有一些相似之处，但这二者的潜在机制似乎只存在部分重叠。

关于食物成瘾，我认为，一些人确实存在非控制进食的问题，这很大程度上是过度加工食物环境带来的结果，如今大多数人都生活在这样的环境中。鉴于这样的环境为我们带来的痛苦，我们把这种饮食问题称为“成瘾”也算是合情合理。然而我们必须清楚，药物成瘾和非控制进食背后的大脑机制并不完全一样，所以我们需要更好的研究来理解人脑中非控制进食的机制。

电子产品成瘾？

如果一位时间旅行者从 100 年前来到今天的任何一个发达国家，他很可能会立刻被这样一个事实所震撼：几乎每个走在街上的人都弯着腰，全神贯注地盯着一个小而亮的物体。儿童和青少年使用电子产品的情况尤其普遍——美国青少年每天盯着屏幕的时间超过 7 小时，其中大部分时间都花在了社交媒体和观看视频上。年轻人太过沉迷于电子产品，以至于医学界发展出了一个新术语——短信脖（text neck），用来描述因长时间低头使用手机而引起的颈椎疾病。

对大量使用智能手机的担忧，尤其是“数字原生代”的崛起，引发了越来越多关于智能手机成瘾的讨论。虽然食物成瘾的概念一直存在争议，但大量使用智能手机是否有害，是否应该被视为一种成瘾症，这一问题却引发了轩然大波。事实上，一些人甚至声称，科技公司设计他们的设备就是故意要让用户上瘾，著名评论家特里斯坦·哈里斯（Tristan Harris）称之为“脑干的恶性竞争”。

我们有理由将智能手机的使用与多巴胺能系统联系起来，从而间接地与药物滥用联系起来。除了奖励预测误差，多巴胺能系统似乎对世界上所有新奇的事物特别敏感。你可以认为这是一种广义的预测误差——因为新事物就是我们预期之外的事物。在一项研究中，尼科·邦泽克（Nico Bunzeck）和埃姆拉·杜泽尔（Emrah Düzel）研究了大脑多巴胺能中枢对以各种方式变化的图片（包括新颖度的变化）的反应。[36] 他们发现，新颖的图片尤其能使这些多巴胺区域激活；随后的测试发现，多巴胺区域的激活还与对这些图片更美好的记忆有关。这些新奇的信号提醒大脑，无论是创造新习惯还是形成新记忆，它都应该开放自己去改变。我们可以把智能手机看作不断产生新奇事物的机器；一条新短信、一封电子邮件或一篇帖子不断地给我们带来新奇感，而正是这种连接，让我们在一定程度上将过度使用智能手机视为成瘾。虽然这种连接令人兴奋，但几乎没有确凿的证据表明，使用智能手机与大脑功能的具体变化直接相关。一些已经发表的小型研究声称找到了电子产品使用与大脑结构或功能的各个方面的联系，但没有一项规模足够大且设计良好的研究能够为这一说法提供强有力的依据。

行为成瘾的概念最初是围绕着问题赌博（赌博成瘾）提出的。问题赌博似乎明显符合成瘾的模式，因为它是一种强迫性的行为。尽管问题赌博有严重的不良后果，但个体却无法停止。而过度使用智能手机是否会上升到成瘾的程度，这个问题在很大程度上取决于过度使用智能手机究竟会带来什么样的伤害或破坏。

许多研究报告称，智能手机用户的生活受到了智能手机的负面影响，但该领域的许多研究人员对这些影响是否能算作成瘾持怀疑态度。事实上，越来越多的人担心，将智能手机使用定义为成瘾，可能反映了精神病学家艾伦·弗朗西斯（Allen Frances）所说的"诊断性膨胀"（diagnostic inflation）——本质上，就是将可能过度但还没有上升到精神疾病水平的行为病理化。特别是有人提出，不应仅仅因为一种行为损害了一个人生活的其他方面就将它视为成瘾；要被认为是一种瘾，它需要对一个人造成"严重的功能障碍或痛苦"。[37] 迄今为止，几乎没有证据表明使用智能手机会造成这种伤害，进一步的研究可能会发现它们，但这些研究需要采用比过去更为严格的方法来衡量伤害。

近年来，谴责电子产品和社交媒体对当代青年的影响成为一种潮流，心理学家珍·特温格（Jean Twenge）把这一代人称为"iGen"，即在智能手机和社交媒体中长大的一代，认为他们心理健康问题的激增与电子产品的使用直接相关。然而，从时间的变化中推断因果关系总是很危险的，《虚假相关》（*Spurious Correlations*）

一书的作者泰勒·维根（Tyler Vigen）在他的书中和网站上都阐述了这一点。[38] 当然，心理健康状况的变化可能还有许多其他的原因，比如，随着时间的推移，父母教养方式的改变。由于无法进行随机对照试验来确定使用电子产品是否会导致心理健康问题，我们真正该做的就是观察这些因素之间的相关性。剑桥大学的艾米·奥本（Amy Orben）和牛津大学的安德鲁·普兹比尔斯基（Andrew Przybylski）进行了一系列大规模研究，为这个问题提供了迄今为止最好的证据。在其中一项研究中，他们研究了美国和英国的几个大样本（总计超过 35 万名儿童）在电子产品使用与心理健康之间关系。[39] 他们发现，电子产品的使用和幸福感之间的确存在一个微弱的负相关关系。因为样本量足够大，他们还考察了其他因素与幸福感之间的关系，比如，他们发现遭遇霸凌与幸福感之间的关系要比使用电子产品与幸福感之间的关系紧密，而使用电子产品与幸福感之间的强度，就像戴眼镜上学与幸福感之间的关系一样。事实上，电子产品使用与幸福感之间的关系仅仅比吃土豆与幸福感之间的关系强一点儿。这些研究表明，我们对电子产品的使用对心理健康方面的影响有点儿过度担忧了。

虽然奥本和普兹比尔斯基的研究结果明确指出，即使电子产品对人有影响，这种影响也不是特别大。但我们还是要时刻牢记，观察性研究（测量人群中不同因素之间关系的研究）在解释因果关系方面是有限的。

那些更容易上瘾的人

在那些只尝试过一次毒品的人中，只有一小部分人会长期成瘾。成瘾率会因不同研究和不同药物而有所不同，但对于除烟草外的所有药物来说（烟草会使 2/3 尝试者成瘾），最终成瘾的人数比例为 10% ~ 20%。为什么有些人会成瘾而有些人不会呢？这个问题显然涉及很多层面，其中一部分可能与神经科学有关。

较弱的自控力与意志力通常被用来解释为什么有的人会成瘾，然而与之矛盾的是，瘾君子在觅药行为时具有非常坚强的意志，意志力并不能很好地解释自控力的差异。然而有证据表明，大脑中与成瘾有关的一些自控力成分存在着差异，尤其是反应抑制。许多研究表明，药物成瘾者的反应抑制能力降低了[40]，但其中的因果关系并不清楚，是抑制的差异导致了药物成瘾，还是药物滥用导致了抑制能力的下降？为了回答这个问题，我们需要测试抑制能力降低的人是不是更有可能在未来成瘾。大卫·贝林、特雷弗·罗宾斯和巴里·埃弗里特在大鼠身上进行了一项研究，通过我在前文描述过的“耐心等待”任务，他们考察了冲动性更强的大鼠是否也更有可能成为强迫性可卡因的滥用者，为了获得药物而忍受足底电击。[41] 他们发现：越冲动的大鼠越有可能发展出强迫性寻觅可卡因的习惯。莫菲特和卡斯皮的研究证明了在人类中存在这种关系，他们的研究发现，自控力差的孩子更有可能在成年后出现酗酒问题。因此，反应抑制可能在成瘾的形成中发挥着作用，尤其是在从实验过渡到强迫性药物滥用的过程中。另外，基因也在成瘾中发挥着作用，酒精滥用最有力的遗传预测因素是一个人是否携带导致酒精性脸红反应的基因变异。这种基因变异会影响分解酒精副产物的基因的功能，使人产生喝酒就会脸红的不适反应，这促使他们不太可能会大量饮酒。同样，尼古丁受体基因也与吸烟行为密切相关，这些基因可能会影响人们对尼古丁的反感程度。然而，在决定谁会成瘾方面，基因的作用通常是有限的。这方面最好的证据也许来自实验小鼠：尽管我们可以培育出基因构成几乎完全相同的小鼠，但它们成瘾的可能性仍然存在个体差异。

文森特·帕斯科里（Vincent Pascoli）等于 2018 年发表的一篇研究让我们对这些差异可能来自哪里有了新的认识。[42] 他们在 109 只小鼠的多巴胺区域植入了一个光遗传刺激器，接着让小鼠对它们的多巴胺能神经元进行自我刺激，其作用类似于服用类固醇加可卡因。大约 60% 的小鼠（研究人员称之为“坚持者”）即使在足底遭受电击后也会自我刺激，而其余的小鼠（“放弃者”）在遭受电击后会停止刺激。帕斯科里等使用了一套先进的神经科学工具，以便确定哪些特定的神经元和连接造成了动物行为的差异。他们在一组连接眶额皮质和纹状体的神经元中追踪到了强迫性自我刺激。他们特别关注了从眶额皮质到纹状体中型多棘神经元的突触强度，并发现这些突触的强度与坚持性有关。那么，如果故意刺激与“可塑性”有关的眶额皮质和纹状体之间的特定神经元，将会发生什么？为了搞清楚这一点，帕斯科里等通过光遗传学方法，以一种诱导可塑性变化的特殊方式来刺激小鼠的这些神经元。结果发现，这种刺激使“放弃者”在面对电击时更可能进行自我刺激；相反，当他们在“坚持者”中消除这些神经元的可塑性时，发现这些小鼠减少了自我刺激。我们需要注意的是，虽然光遗传学刺激的效果与药物是有区别的，它的作用更明确、更迅速，但对于为什么有些人会成瘾而另一些人不会，这项工作还是提供了相当重要的见解。

小鼠中的“坚持者”和“放弃者”有什么不同？帕斯科里等为我们提供了一种神经科学的解释，但仍然没有告诉我们这种不同来自哪里。这些小鼠有着非常相似的基因，并在非常相似的实验室环境中长大。帕斯科里等提出，这可能反映了他们所称的“随机个性”（stochastic individuality）。这个概念的意思是，在一个像大脑这样复杂的生物系统中，个体之间总是会有大量的差异，而这些差异纯粹是由于无法解释的随机因素造成的。[43]这种变异可能由多种方式产生，从哪个神经元连接到另一个神经元的随机偶然性，到细胞间表观遗传构成的随机变异，都可能导致基因表达的差异。当然，还有成长经历的影响，即使动物拥有相同的基因构成，它们在一生中也必然会有不同的经历，比如，啮齿动物在共同居住时形成了不同的社会等级地位。这些经历会在大脑中留下痕迹，影响他们今后的行为。事实上，杰夫·达利（Jeff Dalley）等的研究表明，处于社会支配地位和从属地位的大鼠，在可卡因自身给药的意愿和基底神经节中多巴胺受体的数量上的确存在着差异。

另一个容易导致成瘾的因素是早期生活的压力或逆境。迪恩·基尔帕特里克（Dean Kilpatrick）等进行过一项大型研究，对全国青少年调查（National Survey of Adolescents）数据库进行了分析，旨在探究暴力环境与物质滥用的发展有何关联。[44]研究发现，目睹暴力事件的青少年药物滥用的可能性是未目睹暴力事件的青少年的两倍多。而性侵的影响更为严重，遭遇过性侵的人患抑郁症和滥用药物的可能性几乎是其他人的6倍。研究者甚至发现，母亲怀孕期间的压力也会对胎儿未来的成瘾带来影响。成瘾的动物模型表明，压力过大的母亲其后代更容易成瘾，这可能是因为母亲将应激激素传递给了胎儿。

总之，神经科学告诉了我们有关成瘾的几个重要方面。成瘾的形成与习惯的形成在许多方面具有相同的机制，但由于药物促进了多巴胺的释放，因此成瘾的机制要更强大。然而，成瘾还依赖于其他大脑系统的变化，尤其是压力系统的变化，这些变化会让瘾君子饱尝戒断反应之苦。我们对成瘾的生物学机制有了很多了解，但我们似乎永远无法轻易去预测一个人是否会成瘾。

本书的第一部分展示了习惯是如何形成的，以及为什么我们很难打破它们。在本书的第二部分，我将讨论如何利用这些知识来发展一门关于行为改变的新科学。

第二部分

摆脱困境：改变惯性行为

第六章
改变行为惯性基本逻辑

在本书的第一部分，我们已经看到当改变行为时，神经系统是如何阻碍我们。大脑是一台习惯机器，它致力于让一切日常行为变得富有惯性且自动化，这样一来，我们就不用费脑筋去思考我们要做的每一个动作了。这些习惯形成以后会变得很顽固，大多数时候，习惯的顽固性对于我们是有益的，但有时却不那么好。现代世界纷繁复杂，多巴胺的反应水平远远超过了人类进化历程中的其他任何时候，而多巴胺在习惯的形成中起到了核心作用，这就意味着由此产生的行为会特别顽固。

与此同时，我们为了长期目标而进行的行为控制的能力，却依赖于脆弱的前额叶皮质，它很容易被压力或分心所破坏，导致我们重拾旧习惯。接下来，我将从科学的角度探讨如何更有效地改变习惯。在本章中，我想先谈一谈行为改变对于现代社会的重要性。

一个公共卫生问题

在疫苗和抗生素问世之前，很多人死于传染性疾病。比如，1900年，一种名为白喉的疾病是美国十大致死原因之一，导致了 8000 多人死亡，这与 2017 年阿尔茨海默病致死的比例相当。然而，如果你没有接受过专业的医学训练，你很有可能连听都没听过这种疾病，因为在很多国家，这种疾病通过疫苗接种已在很大程度上被消除了。

如今，现代社会大多数成年人的死亡都源于我们所说的“现代疾病”，也就是与我们的现代生活方式和环境直接相关的疾病。比如，2017 年的头号杀手——心脏病。心脏病的原因是多方面的，但有的行为会直接影响心脏病发作的风险，其中最主要的就是吸烟。吸烟者死于心脏病的可能性是非吸烟者的两倍，但戒烟后的一年内这种风险就下降了一半。事实上，自 20 世纪 60 年代以来，美国心脏病的发病率大幅下降，很大一部分原因就是吸烟者的数量减少了。吸烟在另外两大致死疾病中也扮演了重要角色：癌症和肺部疾病，如慢性阻塞性肺疾病（COPD）。每 10 例因 COPD 死亡的病例中，有 8 例可能与吸烟有关。只要做出一个戒烟的决定（并坚持这一决定），成千上万的人就能够降低长期痛苦和过早死亡的可能性。

问题在于，戒烟是非常困难的，即便一个人已经戒烟有一小段时间了，也很容易回到这个旧习惯里。几乎所有关于行为改变的研究都得到了这样的结果，即大多数人无法维持持久的变化，虽然在过去的半个世纪里开展过很多这方面的研究，但这一事实依然牢不可破。[1] 关于戒烟和戒酒的研究一致表明：只有约 1/3 的人能够在戒除这些物质上坚持一年。同样，减肥也是相当困难的——人们几乎都能在短期内减肥（不管有没有特殊的饮食计划），但很少有人能够坚持几年以上，通常到最后都会反弹得更厉害（见图 6.1）。

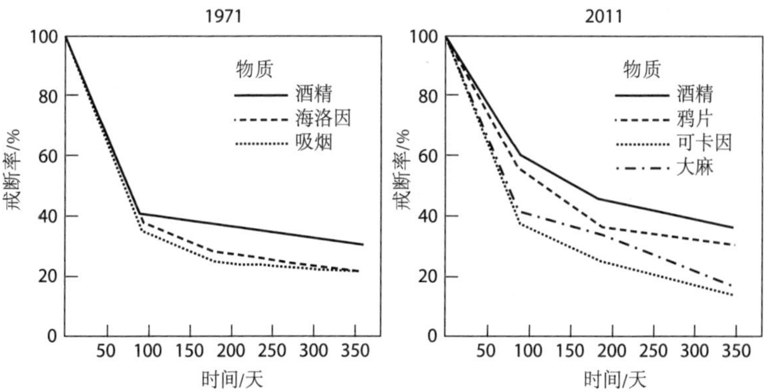

图 6.1　图中曲线显示了尝试戒断各种物质的人在一年内不同时间点上的戒断率。（左）1971 年的数据。（右）2011 年的数据。

行为改变的医学

如果我们的许多健康问题都可以通过改变行为来缓解，那医学界能不能帮助我们改变行为呢？

在医学的许多领域里，详细的生物学知识已经为改变行为带来了诸多进展，这种影响通常是革命性的。一个突出的例子就是人体免疫缺陷病毒（HIV）感染，它会导致获得性免疫缺陷综合征，即艾滋病（AIDS）。20 世纪 80 年代，被诊断为 AIDS 意味着有 50% 的可能性会在两年内死亡。然而，随着对病毒工作原理的深入了解，我们能够更有效地识别出病毒，并最终发展出一种联合疗法，使 AIDS 的诊断从一种短期的"死刑"变成了一种长期的慢性疾病，目前接受治疗的大多数患者都能存活 10 年以上。同样，对于癌症的分子生物学理解，使我们发展出了针对特定癌症的靶向治疗方法。现代医学的成功指引着公共卫生事业的发展，后者通过理解基本生物学机制从而发展新的疗法。

其他医疗手段能取得显著成效，但我们对行为改变的干预总是不能成功，这一事实也许会让人认为，我们对行为改变的基本理解可能是存在问题的，所以干预才会失败。事实上，心理学中没有一个单一的行为改变理论，甚至有一篇论文统计出了 117 种不同的理论。某些科学领域会为了一个共同的理论而努力，但心理学家却倾向于发展他们自己的理论——已故心理学家沃尔特·米歇尔曾打趣说："心理学家对待别人的理论就像对待别人的牙刷一样——但凡有自尊的人都不愿意使用别人的理论。"[2]

最广为接受的行为改变理论是跨理论模型（transtheoretical model），它概括了行为改变的 6 个阶段：

· 前预期阶段（Precontemplation）：个体尚未准备好要改变他们的行为。

· 预期阶段（Contemplation）：个体开始意识到他们的行为是有问题的，并且在考虑做出一些改变。

· 准备阶段（Preparation）：个体为改变做好了准备，并开始采取一些措施来实现改变。

· 行动阶段（Action）：个体实施行动来达成想要完成的改变。

· 维持阶段（Maintenance）：个体在一段时间内维持了这种改变（至少 6 个月）。

· 结束阶段（Termination）：行为彻底改变了，旧行为不再回来。

这些内容听上去既合理又直观，但这个理论与大多数疾病理论有很大的不同。例如，根据我们目前对癌症的理解，控制细胞生长的基因突变会导致这些细胞不受控制地增长。这一理论描述了癌症的生物学机制，而正是由于我们对那些潜在机制的理解，才使得对某些癌症的靶向治疗不断取得成功。然而，跨理论模型却没有告诉我们任何使行为有效改变的大脑机制或心理机制。这种情况类似于有一个癌症理论，但实际上这个理论不包含任何关于癌症如何产生以及为什么产生的知识，只是描述了癌症发展的过程，这可能有助于预测疾病的进展，但对了解如何治疗疾病却没有太大帮助。

很明显，跨理论模型也没能帮助研究者发展出什么可用的行为改变疗法。每当我想从一个最公正的角度去了解某个特定疗法的效果，我就会去阅读科克伦组织（Cochrane Organization）的文章。这是一个英国的学术组织，它致力于发表系统性的评论，它会根据一系列规则来对各类治疗主题的研究进行分析，旨在使评论尽可能无偏见。他们的评论尤其关注随机对照试验的结果，而随机对照试验能够提供治疗是否有效的最佳证据。在对关于跨理论模型的肥胖治疗有效性的最新评论中，他们发现，只有 3 个随机对照试验勉强能被纳入他们的分析标准。这项评价的结论是，这些研究的执行情况太差，无法得出任何强有力的结论，并且研究提供的证据“质量都非常低”。[3]

跨理论模型已经提出近 40 年了，虽然它是行为改变领域最被广为接受的一个模型，却没有证据显示它在发展新疗法方面起到了作用。显然，我们需要一种新的方法。目前，一种关于行为改变的新思路得到了美国国立卫生研究院（US National Institutes of Health，NIH）一些研究人员的支持，这使得过去的情况有望得到改变。

行为改变的新方法

NIH 是迄今为止世界上最大的生物医学研究资助机构，2016 年投入了超过 260 亿美元用于医学研究；与之相比，作为第二大资助机构的欧盟，当年的投入是 37 亿美元。NIH 的组织结构设定主要围绕疾病系统或器官系统，它拥有若干个研究所，研究涉及癌症、心脏病、糖尿病、药物滥用和精神健康等方面。这意味着每个研究所的资助重点都将集中在该研究所主要负责的特定疾病上，优先开展与这种疾病直接相关的研究，而不是研究那些跨疾病的问题（如行为改变）。值得称赞的是，NIH 的领导层也认识到了这个问题，并在 2007 年发展了一个名为“国立卫生研究院共同基金”（NIH Common Fund）的计划，该计划有超过 6 亿美元的预算，明确用于跨研究所的研究。

2008 年，NIH 的一些研究人员开始讨论启动一个新计划，研究并解释行为改变的基本机制。他们提出，研究行为改变要转向于一种与实验医学所采用的方法相类似的方法。实验医学方法不是简单地询问一种治疗是否对一种疾病起效，而是关注于理解该治疗的作用机制。这种方法试图了解治疗的机制靶点，评估治疗与目标相结合的程度，以及评估治疗的实际作用情况。一旦纳入的特定靶点与治疗结果相关，那么研究人员就可以通过提高靶点的参与程度来提高治疗效果。例如，假设我们想要发展一种治疗方法，可以提高个体抵制眼前诱惑从而等待未来更好结果的能力，而这种能力对于行为改变而言很重要。采用实验医学的方法，我们将进行一项试验，去直接测量治疗是否真的提高了这项能力，以及测量这种能力的提高是否与行为改变的改善有关，即对眼前诱惑的抵制能力提高得最多的人是否也能更好地实现行为改变。这种方法在医学的其他领域已经取得了巨大的成功，并有望提高我们对于行为改变的理解。

2010 年，研究人员说服美国国立卫生研究院共同基金启动了一个名为“行为改变科学”（Science of Behavioral Change，SOBC）的计划，该计划已为研究行为改变的基本机制提供了数百万美元的资金支持。在 SOBC 计划下，我们已经开始对改变行为能力的基本心理及大脑机制有了一个新的科学认识，我们正在寻找针对这些机制的方法来推动行为改变。

虽然 SOBC 计划是一个很好的开始，但鉴于行为改变在几乎所有疾病的治疗或预防中的核心作用，所以这笔资金投入其实是很小的。

干预行为惯性的目标靶点

如果我们用实验医学的思维方式来看待行为改变，那么我们必须关注干预的靶点，也就是说，能够操纵哪些特定的社会、心理或神经生物学机制来促进行为改变？本书开篇处给出的总体框架为我们提供了一个将这些可能的靶点进行分类的整体方法。

环境：环境驱使我们选择做出一些行为而远离另一些行为，比如，吸烟更有可能发生在酒吧里而不是教堂里。通过理解环境对行为的影响，我们可以优化自己改变行为的能力。

习惯：习惯的维持是行为改变的阻碍。我们现在已经对习惯的生物学原理有了深刻的了解，随后我们将讨论未来针对特定习惯改变的一些可能的方法。我们还可以运用有关习惯的作用机制的相关知识来避免一些常见的误区。

目标导向行为：为了长远目标而采取的行为需要对那些目标进行关注，同时也需要自控力去克服我们的即刻冲动或习惯。对前额叶皮质以及自控力的神经生物学知识的详细了解，让我们获得了一些可用的工具，来帮助我们实现可能的行为改变。

在接下来的章节中，我将概述针对这些靶点的策略是如何优化行为改变的，包括当前可用的策略以及未来可能随着神经科学的进步而实现的策略。虽然我们没有太多触及与行为改变相关的潜在机制——如与社会支持、应对技巧和思维模式等相关的机制——但这些章节应该可以为你提供一些指导，为你对如何更好地实现行为改变提供一些思路。

第七章
实现习惯改变的 8 个关键步骤

行为改变是很困难的，而且永远很艰难。然而，从神经科学到心理学再到经济学的跨领域研究，为更好地实现行为改变提供了一些即时可用的工具。对于哪些方法不起作用，这些研究也有所涉及。在这一章中，我概述了部分研究，把重点放在我们在整本书中碰到的一系列靶点上：环境、习惯、目标导向行为和自控力。这一章着重于心理学研究的观点，而下一章则着眼于神经科学的观点。

步骤一：选择架构

你可能会认为，我们的选择是受个人的愿望和偏好引导的，但其实在许多情况下，选项以何种方式呈现在我们面前，也会影响我们如何做选择。超市就是一个很明显的例子，你更有可能选择购买摆放在收银台旁边货架上的苹果，而不是摆放在店内某个角落里的苹果。古典经济学理论会认为，苹果摆在哪里并不会影响一个人的选择。按照古典经济学理论的说法，人类完全是基于他们对世界上各种结果的价值评估来做决策的，也就是说，我们买苹果仅仅是因为我们认为苹果比其他东西更有价值。然而，20 世纪 70 年代以来，一个被称为行为经济学的研究领域兴起了，它关注的是人类实际做决策的行为，而不是他们理论上应该如何做决策。

行为经济学家创造了“选择架构”（choice architecture）一词，指的是在任何决策情境中，都有一些选择受到鼓励，另一些选择不受鼓励，而这是由决策环境的设计导致的。正如理查德·塞勒（Richard Thaler）和卡斯·桑斯坦（Cass Sunstein）在他们的杰作《助推》（*Nudge*）[1] 中所概述的那样，选择架构会对我们的选择产生重要影响。“助推”的概念是对选择架构的一种改变，它鼓励特定的行为，但不限制任何人的自由。一个令人印象深刻的成功“助推”的例子是默认选项对选择的影响研究。

埃里克·约翰逊（Eric Johnson）和丹尼尔·戈尔茨坦（Daniel Goldstein）比较了不同国家的器官捐赠率，一些国家实行的是有选择参与的捐赠政策（捐赠需要明确同意），一些国家实行的是有选择退出的捐赠政策（除非明确拒绝，否则视为同意），其结果有很大差异。[2]在其他所有方面都非常相似的一组国家中，实行有选择参与政策的国家捐赠率低于30%，而实行有选择退出政策的国家捐赠率高于85%，很多项目的捐赠率甚至接近100%。这些差异表明，当人们在做选择时，默认选项是多么强大，特别是当我们对选择没有明确感觉时，我们很可能倾向于选择呈现在我们面前的默认选项。

用“助推”来改善行为的想法听起来有点儿太理想化了——事实上的确如此。由宾夕法尼亚大学的安吉拉·达克沃斯和凯蒂·米尔克曼（Katy Milkman）牵头的一项名为StepUp的大规模研究，测试了53种干预方法对锻炼坚持的影响（其中52种方法采用了旨在增加锻炼的“助推”，另一种是不会产生影响的阴性对照组）。他们与一家全国性的健身连锁机构合作，招募了63 000名会员。[3]在28天的时间里，除了每次去健身房都会收到一小笔费用外，参与者们还会收到各种各样的“助推”，来促使他们去健身房（如短信提醒）。这个项目在短期内是有效的，接受“助推”的人比对照组（没有收到“助推”的人）更有可能去健身房锻炼。然而，这个项目并没有对参与者去健身房产生明显、持久的影响，一旦项目结束，影响也就结束了。正如米尔克曼在 2019 年接受采访时所说：

> 在 28 天的计划结束后，我们几乎没看到任何行为改变。53 种方法，几乎没有一个奏效。这就是最终结果。所以这是一个巨大的失败。[4]

在一些情况下，“助推”可能会产生较大的影响，但这项大型研究的结果表明，“助推”并不是一个通用的方法。然而，我不会把这项研究归为“失败”的一类，相反，这项研究是一个杰出的典范，表明了如何使用严谨的科学来对想法进行测试——看看这些想法在实际生活中是否适用。这项研究没有告诉我们应该做什么，但它明确地告诉了我们不应该做什么，而这两者是同等重要的。

步骤二：损失厌恶与框架

假设我在大街上拦住你，想用抛硬币的方式和你赌一把：正面我给你 25 美元，反面你给我 20 美元。经济学理论认为理性的人应该接受这种打赌；毕竟，这场赌博的期望值（你平均预期赢多少钱）是 2.5 美元，所以从长远来看，如果你答应了，你就会赢。

然而，很少有人会真正接受这样的赌博；心理学家阿莫斯·特沃斯基（Amos Tversky）和丹尼尔·卡尼曼的研究表明，大多数人在接受这种赌博之前，都要求自己能赢的金额几乎是能输的金额的两倍，他们将这种现象称为损失厌恶（loss aversion）。损失厌恶不仅存在于实验室中，也存在于现实世界中。

股票市场上一个众所周知的现象是，投资者往往更愿意卖掉已经赚钱的股票，而不愿意卖掉正在亏损的股票。这似乎是一个“高价抛售”的例子，但实际上，你卖不卖股票与股票的买入价没有关系，如果投资者认为这个股票未来的价值大于现在的价值，就该持有，反之就该抛售。特伦斯·奥丁（Terrance Odean）于 1998 年指出，这种倾向于卖掉已经赚钱的股票，而不愿卖掉正在亏损的股票的行为，会给投资者带来长期的巨大损失，特别是出售亏损的股票甚至能为投资者带来印花税的减免优惠。[5]

当我们把特定的结果描述成“收益”或“损失”时，损失厌恶也会导致我们做出不同的选择，这是一种称为框架（framing）的现象。特沃斯基和卡尼曼在一个名为“亚洲疾病研究”的著名实验中展示了这一点。[6]一组受试者面临如下选择：

> 想象一下，美国正在为一种不寻常的疾病的暴发做准备，这种疾病预计将导致 600 人死亡。目前已经有两种对抗

这种疾病的替代方案被提出。假设对这些方案后果的精确科学估计如下：

如果采用方案 A，有 200 人将会得救。

如果采用方案 B，有 1/3 的概率 600 人都得救，有 2/3 的概率无人得救。

在这个实验中，72% 的人选择了方案 A。另一组受试者面临同样的选项，但框架略有不同：

如果采用方案 C，有 400 人将会死亡。

如果采用方案 D，有 1/3 的概率无人死亡，有 2/3 的概率 600 人都死亡。

在这种情况下，大多数人（78%）都选择了方案 D。

如果仔细看这两个问题，会发现方案 A 和 C 是一样的，方案 B 和 D 也是一样的；唯一的区别在于它们是用收益还是用损失来进行描述的。在这个例子中，两种框架导致决策上的差异，似乎源于这样一个事实——人们通常更愿意冒险避免损失，而在确定会取得收益的情况下，他们却不大可能冒险。这一非常强有力的发现说明了框架是如何从根本上改变我们所做的选择的。

框架对决策的影响对于选择架构而言也很重要。在一项研究中，阿莉娅·克拉姆（Alia Crum）及其团队在 5 所大学的食堂进行了一项大规模试验，以确定在蔬菜上标注口味（“香草、蜂蜜、黑醋汁、萝卜”）或健康（“健康精选萝卜”）会如何影响学生的选择。[7]在超过13万份个人用餐决策中，他们发现，按口味进行标注的蔬菜购买量大幅增加。目前还没有关于框架如何影响个体行为改变的研究，但框架效应在许多不同情境中的稳健性表明，我们可以通过以最合适的方式对选项进行框架化来更好地实现行为改变。

步骤三：制定规则

另一种成功改变行为的方法是用严格的规则来促进改变。如果我们每次都在受到诱惑的时候去做决定，那么失败的可能性会很大——因为我们都很容易为失误找到理由或借口。明确规定哪些行为在特定的环境中是不能做的，有助于我们产生一种感觉，即我们不能随意选择行为。一项关于戒烟的大型研究发现，如果吸烟者生活在一个无烟的家庭环境中，他们戒烟成功的可能性会增加10倍，如果他们的工作场所是禁烟的，他们戒烟成功的可能性会增加2倍。[8]

虽然规则对于行为改变似乎是有用的，但并非所有规则都以相同的方式创立。有些节食计划包含一系列复杂的规则，节食者必须遵守这些规则才能坚持计划。例如，颇受欢迎的Weight

Watchers 节食计划会为节食者提供一个目标“点数”和每一种食物值多少点数的指南。这就需要节食者进行大量的认知工作，虽然它提供了一套结构化的规则，但节食者仍然需要做出许多个人决定。相比而言，还有一种节食计划只是简单地规定每顿饭的食谱并要求严格执行，这样的节食计划基本上不需要节食者自己做出任何决定。一项研究对比了这两种节食计划，发现虽然两种计划在坚持程度上没有显著差异，但人们报告放弃更复杂的节食计划的主要原因是它让人感知到了复杂性。[9] 这表明，更简单的规则对于行为改变可能更有效，但这方面的研究仍处于起步阶段。

德国心理学家格尔德·吉格伦泽（Gerd Gigerenzer）提出，人们可能使用简单的规则来做选择，而不是权衡一个选择的所有不同特征。他创造了一个术语来描述这种决策形式“快速、节俭”（fast and frugal）。他的研究表明，在许多不同的领域，人们常采用的是简单的经验法则，而不是考虑所有可用的信息。比如，当人们选择食物时，这种情况就会发生。一项研究要求参与者根据健康、美味、便捷和价格等 9 个不同的属性对菜肴进行评分，然后让参与者在不同的菜肴之间做选择。[10] 接着，研究人员对参与者的用餐选择进行预测——参与者要么会评估所有的属性再做出选择，要么只会评估对他们而言最重要的一两个属性。研究人员发现，与评估所有属性的模型相比，只评估一到两个属性的“快速、节俭”模型更能预测参与者的用餐选择。显然，人们在做选择时使用了简化的决策策略，而这一事实进一步证明了规则应该尽可能简单才能有效。

步骤四：触发警告

习惯的顽固性有一个重要机制，它很容易被环境中的诱因触发。这表明，防止习惯的触发因素出现是一种能对习惯进行有效干预的策略。安吉拉·达克沃斯等进行了一次研究，考察中学生和大学生避免分心、完成学习目标的能力，研究结果证明，消除诱惑比依靠意志力更能有效抑制习惯。[11] 在每一项研究中，一组学生都被告知要采取一些策略来消除可能会分散他们注意力的诱惑（例如，在学习期间安装一个应用程序来阻止使用 Facebook），而另一组则被告知要在诱惑出现时练习运用意志力来抵抗它。一周后，学生们评定他们完成学习目标的程度。与那些被告知要用意志力来抵抗诱惑的学生相比，那些改变环境的学生在评定上有更好的表现。

要避免习惯被触发，需要面临的一个特殊挑战是，习惯会通过“基于价值的注意捕获”机制强烈地吸引我们的注意力。这种注意偏向在成瘾的情况下尤其明显，有某些瘾癖的人会对与成瘾物质相关的诱因有强烈的注意偏向。

许多研究尝试通过训练减少这种注意偏向，这种方法称为注意偏向矫正（attention bias modification）。比如，向受试者提供两组刺激物，其中一组与他们的成瘾有关（例如，可卡因成瘾者看到可卡因图片），另一组是中性图片，然后训练他们提升对中性图片的注意力。虽然这种训练总是能够减少实验任务中的注意偏向，但重要的问题是，它是否适用于现实世界，这里的答案似乎是否定的。在几项针对各种成瘾的注意偏向矫正训练研究中，没有证据表明它能有效地减少实验室外的药物使用。[12]然而，诱因如此强烈和显著的事实表明，对于那些想要改变行为的人来说，有一个简单的策略是可行的：识别触发习惯的诱因，并尽可能将它们从环境中移除。

还有一个避免习惯触发的方法就是搬到一个新地方，这个方法有点儿激进，但它可能会有效。托德·希瑟顿（Todd Heatherton）和帕特丽夏·尼科尔斯（Patricia Nichols）开展过一项研究，要求参与者写下他们在改变生活方面成功或失败的尝试。[13]成功改变者和未改变者的一个很大的区别就是很多成功改变者都搬去了一个新的地方。与未改变者相比，成功改变者搬家的可能性几乎是前者的3倍。温迪·伍德等对这一点进行了更直接的研究，他们考察了当学生转到一所新的大学后，其健身习惯是如何改变的。[14]研究结果显示，居住地的改变对那些有稳固健身习惯的人产生了特别大的影响，相比那些本来就不太有健身习惯的人，居住地改变后，有稳固健身习惯的人锻炼的频率大大降低了。而另一方面，对于那些最初不大有健身习惯的人来说，居住地的改变实际上有助于他们实现自己的意愿，也就是说，如果他们本身有强烈的健身意愿，那么转学后他们的实际锻炼频率会增加。因此，通过搬家来改变一个人的生活环境似乎会对行为改变产生较大的影响。

步骤五：反转习惯

多达 20% 的儿童会有抽动（tic）的经历——反复做出的某个特定动作或某种动作模式。在一些情况下，这可能是轻微的表现，比如眼睛抽动，而在最糟糕的情况下，症状可能会涉及自伤行为或无法控制地说脏话。虽然大多数病例在成年后症状都会消失，但有些人一辈子都要与这种称为“抽动 - 秽语综合征”（Tourette syndrome）的行为障碍做斗争。虽然我们不知道这种障碍产生的原因，但有人认为，抽动是由导致运动习惯的大脑机制过度活跃引起的。[15]

虽然目前还没有治愈抽动 - 秽语综合征的方法，但有一种有效的疗法可以大大降低它的发病率和严重程度。[16] 这种疗法叫作抽动症综合行为干预（comprehensive behavioral intervention for tics，CBIT），它包含多个组成部分，每个部分都为我们如何更好地实现总体行为改变提供了可能的见解：

- 意识训练（Awareness training）：患者向医生学习关于抽动的知识，并识别抽动即将发生的信号，即先兆冲动（premonitory urges）。
- 对抗反应训练（Competing response training）：患者发展出一种新的替代行为来防止抽动的发生。例如，如果一个人抽动时的动作是头往一侧歪，那么他可以在感到快要抽动时绷紧脖子另一侧的肌肉，以防止抽动发生。
- 泛化训练（Generalization training）：患者在日常生活中，在医院之外的环境中，使用对抗反应进行练习。
- 自我监测（Self-monitoring）：患者和支持性的他人（如父母或其他重要他人）监测并记录抽动的发生。
- 放松训练（Relaxation training）：紧张感往往是抽动的诱因，患者通过学习，获得降低紧张感的呼吸和肌肉放松的方法。

尽管 CBIT 并不适用于所有人，也不能完全消除抽动，但随机对照试验表明，CBIT 在减少抽动方面的效果是规范治疗的 5 倍以上。

CBIT 的成功有几个重要的启示。首先，它证实了我们在其他许多环境中学到的东西：行为改变是一项艰难的工作，成功的CBIT需要患者和家属双方付出巨大的努力，才能忍受必要的训练并将监测行为持续下去。其次，它强调了行为改变的广谱方法的重要性。也许最重要的是，CBIT的成功为我们点亮了希望的灯塔，它证明了即使是最棘手的行为也有可能被成功改变。

冥想和正念有用吗？

佛教的一个基本信条是，痛苦来自欲望，冥想和正念是结束这种痛苦的关键。这一古老的智慧如今已成为一项价值数十亿美元的业务，从奢华的冥想静修到智能手机的相关应用程序。事实上，一家网络杂志声称，“冥想和正念训练行业是2017年的创业最佳选择之一”，这个市场最赚钱的一项业务是减肥。一些冥想者盛赞它能够降低欲望：

> 多年来，我的实践帮我克服了各种各样的欲望和厌恶感。冥想帮助我戒了酒、戒了烟、戒了垃圾食品，也帮助我克服了我对运动的厌恶，让我喜欢上了定期运动。这种定期运动是有益的，出汗的感觉简直酣畅淋漓。总之，冥想是我生活中一剂非常强大的解药，消除了我的欲望和厌恶。[17]

互联网上也充斥着大量宣扬冥想能提高意志力和自控力的故事，一些“科学家”甚至会提到冥想是如何影响前额叶皮质的。最近，在硅谷流行的“多巴胺戒断”（个体需要尝试避免任何刺激）中，冥想的概念被重新进行了包装。从表面上看，冥想似乎可以通过减少我们的欲望、提高我们的执行控制能力来促进行为改变。然而，对于冥想改变行为的实际效果，科学是怎么解释的呢？

对冥想的科学性进行评估是一项挑战，因为很多研究人员自身也是这项技术的倡导者。2018 年的一篇题为《当心炒作：关于正念及冥想研究的批判性评价和规范性流程》的论文支持了我的怀疑。[18] 这篇论文的部分作者是知名的冥想研究专家，文章概述了迄今为止冥想研究存在的诸多问题，包括“正念”的含义和测量方法的模糊性，以及大多数检验正念干预临床效果的试验都存在实施质量较差的问题。作者还强调，尽管传统的佛教冥想指南对常见的消极结果进行了讨论，但这一领域的大多数研究却没有测量冥想的不良影响，只是简单地假定冥想没有任何不良影响。

有证据表明，冥想研究领域的报告结果存在偏见。一项分析发现，在国家数据库进行登记的冥想干预临床试验中，有一半以上的结果在试验完成了 30 个月后仍未公开发表，这说明研究人员可能把负面的发现藏在了文件柜中。[19] 这种有选择的发表我们称为发表偏倚（publication bias），它会让研究文献看上去是为某种疗法提供了证据，但实际上该疗法可能并不存在这样的效果。

许多人发现冥想练习很有帮助（我个人经常练瑜伽，觉得它对精神和身体都非常有益），冥想研究存在的问题并不会削弱它对个体产生的效用。但这些问题确实削弱了一些过分夸大的说法所产生的影响，比如，冥想在治疗湿疹、抑郁症和癌症等方面效果显著。总的来说，这些研究结果强调，我们应该谨慎对待任何一项特定的研究结果，仔细查验一种治疗方法是否已广泛确立，是否众多不存在利益冲突的研究团队都为其提供了可靠的科学依据。

步骤六：提高自控力

许多人很重视自控力在行为改变中的作用，因此，一些研究人员考察了是否可以通过有针对性的训练来提高自控力。这些研究发现，各类训练（从锻炼身体到控制自己的言语）都有积极的效果，这一点也许在你意料之中。然而，对比这些研究的元分析就会发现发表偏倚的证据，这意味着在研究结果中，负面结果可能受到了压制，因此发表的文献都偏向于积极结果。在纠正了这种偏向之后，自控力训练的效果几乎为零。

还有一个更基本的挑战是任何认知训练研究都必须面对的。

假设有人参加了一项提高自控力的训练计划，其中一个训练项目是每天早上盯着客厅里的一根棒棒糖，以此来抵制吃甜食的诱惑。训练的目的不单是在特定的训练项目上做得更好，更是将训练的效果迁移到其他方面——比如，在餐厅里抵制吃蛋糕的诱惑。然而，在学习的科学中有一个基本原则，那就是这种效果迁移是很难建立的。1901 年，心理学家爱德华·桑代克给这一原则起了个名字：相同要素说（the principle of identical elements），意思是只有当学习情境和迁移情境具有相同要素时，迁移才有可能发生。那么，像“抵制诱惑”这种非常抽象的东西是否可以算作一个相同要素呢？研究表明，答案是否定的。

迁移的挑战一直是“大脑训练”研究的重中之重，这些研究考察了有目标性的在线认知训练能否使人们的认知功能得到改善。阿德里安·欧文（Adrian Owen）等跟踪研究了 11 000 多名为期 6 周的在线认知训练项目的参与者，该项目旨在提高一系列认知技能。[20] 研究结果显示，训练对于提高参与者在特定任务中的表现是非常有效的。然而，训练效果没有迁移到其他测试中，而且即使测试任务与训练任务相似，迁移也没有发生。这一发现受到了很多人的批评，原因是它没有为参与者提供足够长时间的训练。但在 2016 年发表的一份共识文件却支持了欧文的研究结论，该文件总结道：“几乎没有证据表明，训练能提高个体在相关任务中的表现，或是训练能提高个体在日常生活中的认知表现。”[21] 也许心理功能就像肌肉那样：训练肱二头肌是不能练出更强健的腹肌的，一项认知训练任务通常也只能提高所训练的特定技能。这篇共识论文还指出，大多数这类研究的证据质量都很低，这意味着，我们应该对任何声称发现了大脑训练效果的研究持谨慎态度。这一领域的研究还存在一个问题，那就是，有效的训练项目是可以赚钱的，这就意味着从事这项工作的研究人员常常会通过训练项目获得经济利益。

另一组研究更直接地关注了工作记忆的训练。工作记忆是指在大脑中保存信息、避免分心、在世界发生相关变化时更新信息的能力。在这一方面争议也很大。例如，一项元分析研究了 23 项工作记忆训练研究的结果，该研究发现，虽然工作记忆训练确实能提高参与者在特定任务中的表现，但这些影响相对短暂，不会迁移到认知功能的其他领域。[22] 由此看来，通过训练提高自控力仍然是一种愿望，而不是现实。

步骤七：对自我抑制的训练

另一组研究集中于探讨抑制和自控力在行为改变中的作用，尽管我们在第四章的讨论已经表明，基本的抑制控制过程和行为改变之间的关系可能比许多人预想的要弱。大多数研究都着力于训练人们对特定类型刺激（如食物或药物）的持久抑制反应，而不是训练人们的一般抑制控制能力（许多研究者包括我自己都发现这是非常困难的）。一些小规模研究表明，通过训练人们对某一类食物的抑制反应，可以减少对该类食物的摄入，至少在实验室里有这样的效果。然而，一些实验室（包括我自己的实验室）并未复制出这些结果，大规模的试验也不太相信这种经过训练的抑制反应能够在实际生活中改变行为。

例如，一项随机对照试验将 3 种不同类型的抑制控制训练与希望减少饮酒的个体进行了比较。[23] 第一种训练是“go/no-go”任务，给受试者呈现一些图片（包括与酒精有关的图片），图片的角落里有一个字母；然后他们被要求执行一项任务，要求他们对包含某个特定字母的所有图片做出反应，而对包含另一个字母的图片不做反应。受试者所不知的是，每一张与酒精有关的图片都会出现“no-go”刺激（不做反应）。第二种训练使用了一种停止信号任务，其中酒精图片在 50% 的时间里会出现停止信号，而非酒精图片不会出现停止信号。这两种训练的目的都是将抑制反应与酒精刺激联系起来，从而减少以后的饮酒行为。受试者在一个月的时间里在网上参与这些训练（总共 14 次），并记录饮酒日志。结果表明，尽管在研究过程中，所有受试者的饮酒量都减少了，但与只对图片做反应的对照组相比，抑制训练组的饮酒量并不会减少得更多。抑制训练可能会导致实验室外的行为改变，但这仍有待于强有力的临床试验去进行验证。

步骤八：用承诺改变行为惯性

> 计划一次成功行动的关键在于预测未来可能发生的事件，并为意外事件做好准备。
>
> ——《美国陆军野战手册》

行为改变的一个根本问题称为意向－行为差距（intention behavior gap），指许多人决定要改变他们的行为，但没有真正采取必要的行动来让改变发生。如果不去计划要如何实施改变，那么想法再好也是没有用的。比如，你想戒烟，在什么情况下你会受到吸烟的诱惑？在这些特定的情况下，为了避免吸烟，你会怎么做？在行为改变研究中，这类关于如何实施改变的详细计划称为执行意图（implementation intentions），有可靠证据表明它们有助于提高行为改变的有效性。针对体育锻炼和健康饮食干预措施的大型元分析研究表明，执行意图对这些干预措施的有效性具有积极影响。在这些研究中，执行意图的效应相对较小，但这项元分析研究也表明，计划如果更加具体可能会更有效。[24] 因此，一个吸烟者可能需要考虑到所有可能的诱惑，以及如何应对这些诱惑，而不仅仅是“如果有人递给我一支烟，我会拒绝”——具体做法可以是，“如果我的朋友蒂娜递给我一支烟，我会首先提醒自己，我有一个戒烟的重要目标，然后告诉她，我很感谢你递烟给我，但我正在努力做到一整年都不吸烟。”

即使我们已经决定做出改变，并有了具体的实施计划，我们还是有可能在关键时刻没能将它付诸实践。在热门广播节目 Radiolab 的一期节目中，主持人采访了一位名叫塞尔达·加姆森（Zelda Gamson）的 80 岁老太太。塞尔达一生都是争取种族平等的积极分子，在 1984 年，她去佛蒙特州看望她的朋友兼同事玛丽·贝伦基（Mary Belenky）。塞尔达有 30 年烟龄，她曾多次尝试戒烟，但都失败了。当玛丽在机场见到塞尔达，看到她拿着一支烟时，她惊叫道：“怎么回事塞尔达，你还在抽烟吗？”塞尔达回答说：“是的，别叫我戒烟！”玛丽的这番话显然触动了塞尔达的神经，当她离开小镇时，她对玛丽说：“好吧，玛丽，如果我再抽烟，我就给 3K 党［注：三 K 党（Ku Klux Klan）是美国一个奉行白人至上的秘密组织，宣扬人种差别以及用暴力对待有色人种。］5000 美元！”从那以后，每当想要抽烟的时候，一想到她的钱会被 3K 党拿走，塞尔达就会心神不宁，从此再也没有抽过烟。

这类誓言称为承诺机制（commitment device），它对促进行为改变似乎是有效的。一项研究考察了用承诺机制来实施减肥的有效性，该研究使用了一个网络平台，有近 4000 人参与了研究，参与者可以在这个平台上为减肥目标做出金钱承诺。[25] 如果目标没有实现，承诺的金额可以捐给朋友、慈善组织或“反慈善组织”（就像塞尔达例子中的 3K 党）。结果发现，做出金钱承诺的人比没做出金钱承诺的人更有可能成功地实现自己的减肥目标，其中，承诺把钱捐给反慈善组织的人最为成功。一些证据表明，为了减肥而改变饮食习惯的承诺机制在被公开的情况下尤其有效。[26]

实施行为改变计划的另一个重要方面是获得反馈，这可以帮助个体了解自己的努力是否真的起了作用——如果努力起到了作用，那么反馈就是一种奖励；如果努力没有起到作用，那么反馈可以成为一个信号，提示个体需要做出一些调整。有证据表明，对行为变化进行监控似乎是成功的一个重要方面。来自布朗大学的丽娜·温（Rena Wing）对美国国家体重控制注册中心（National Weight Control Registry）登记的体重管理者进行了研究，该机构跟踪调查了 1 万多名至少减肥 30 磅并维持体重至少一年的人。这些“成功减肥者”的一个共同特点是，他们会密切监控自己的体重，几乎有一半的人每天称一次体重，另一些研究也支持了自我监控体重对于减肥的重要性。同样，有证据表明，自我监控（包括记录自己的饮酒量）有助于减少过度饮酒。

对改变习惯的建议

我们可以从本章描述的各类研究中获得一些启发。为了使行为改变的成功最大化，个体应该：

- 仔细观察他们所处的环境，以便更好地理解是什么触发了这些不想要的行为。
- 改变他们的选择架构，以尽量减少习惯的触发因素，并促进他们想要的行为。
- 准备一份详细的计划，说明要如何实施改变，包括针对具体情况要如何处理。
- 密切监控目标的进展，并在计划不奏效时改变计划。

本章概述的研究经过了几十年的发展，在提供可用的知识方面领先于神经科学。然而，在下一章中，我们将探讨神经科学提供的一些新观点，即如何通过更直接地针对特定的大脑机制，更好地在未来实现行为改变。

第八章

对“忘记”坏习惯的探索：修改记忆

以往的大多数行为改变方法都缺乏针对性，如果我们想要有点儿突破，就需要更好地理解行为改变背后的大脑机制，让针对性更强。目前有两种可能的机制，我们可以针对它们来更好地实现行为改变：一种是驱动行为的习惯，一种是使我们能够从事目标导向行为的执行功能（要么使我们彻底避免习惯，要么在习惯形成的时候立刻将其切断）。在本章中，我将探讨这两种机制作为生物学靶点的可能方式。

坏习惯能够被消除吗？

几年前，我去蒙特利尔旅行时，额头上长了个奇怪的肿块，但不疼。在接下来的几周里，它继续生长，最终我不得不去看了皮肤科医生。她对肿块进行了活检，几天后下了一个结论：我得了皮肤肿瘤，虽然不会危及生命，但需要立马切除。从我额头上切除肿瘤的小手术只用了不到一个小时，愈合后几乎看不见伤疤。

如果我们能对坏习惯做同样的事情，像外科手术般精准地去除它们，并且几乎不影响到我们的其他行为，那会是怎样一番情景呢?

抹去记忆的“魔法”

当我们在生活中经历一件事时，对这件事的记忆似乎是立即产生的，但实际上，持久而长期的记忆是一种在更长时间范围内发生的生物学过程，叫作记忆巩固（memory consolidation）。持久记忆的产生始于细胞的活动过程，这涉及激活的神经元内蛋白激酶（protein kinases）分子。这些蛋白激酶会在神经元中产生一些重要的效应，各种效应都会导致神经元之间的联系更加紧密。首先，它们改变了突触中谷氨酸受体的作用效果，所以当谷氨酸受体被激活时，可以产生更大的作用。其次，它们导致新的谷氨酸受体传递到突触，使突触对传入信号更加敏感。从长期来看，这些蛋白激酶对于神经元结构的改变也起到了一定的作用，使人们能够随着时间的推移维持记忆。

纽约州立大学的托德·萨克特（Todd Sacktor）发现了一种名为 PKM-zeta（哺乳动物中蛋白激酶 C 的 Zeta 亚型）的分子，该分子自发现以来，引起了学术界广泛的兴趣和争议，因为它在记忆巩固中具有特别的作用。大多数蛋白激酶都参与了记忆产生的早期阶段，而这种蛋白激酶似乎特别参与了长时记忆的维持。[1]

大多数人都有过这样的经历：吃下某种食物后出现不适症状，然后对这种食物产生了持久的厌恶。神经科学家称之为条件性味觉厌恶（conditioned taste aversion），这是一种非常强劲的学习形式。就我而言，我现在仍然对牛肉大麦汤的味道感到恶心，尽管它第一次让我感到不适已经是 40 多年前的事了。萨克特和他的同事们通过给大鼠注射氯化锂来让它们对一种新味道产生厌恶（因为新味道最有可能导致条件性厌恶）。这种学习依赖于大脑中与味觉有关的特定部分，叫作脑岛。所有大鼠都出现了条件性味觉厌恶，这意味着，它们即使从恶心感中恢复了过来，也会厌恶这种新味道。3 天后，研究人员将一种叫作 ZIP 的药物注射到一些大鼠的脑岛中，这种药物可以抑制 PKM-zeta 的活性，另一些大鼠则被注射了安慰剂。令人惊讶的是，被注射了 ZIP 的大鼠，它们的味觉厌恶似乎很快就消失了，甚至在一个月后仍然如此。这一结果已被重复了多次，尽管它有些争议。2013 年，有两组研究人员报告称，他们培育了一些基因工程小鼠，这些小鼠缺乏产生 PKM-zeta 的能力，但仍然表现出正常的学习和记忆，这似乎又表明 PKM-zeta 对长期记忆来说并不是必需的。萨克特等在 2016 年的一项研究中表明，对这些基因工程小鼠实际上已经使用一种不同的蛋白激酶补偿了缺失的 PKM-zeta。PKM-zeta 在学习中的重要作用体现在它有助于使神经可塑性过程中的突触变化稳定下来。神经可塑性的一个基本机制是在被激活的突触内出现新的谷氨酸受体，这有助于通过使突触后神经元对传入信号更加敏感来使突触变强。当 PKM-zeta 产生时，它被传递到树突（突触后膜所在的位置）；许多蛋白激酶在被激活不久后就会失活，而 PKM-zeta 可以在更长的时间内保持活性，并且它能够防止新的谷氨酸受体被消除。

通过操控 PKM-zeta 来抹去习惯记忆目前还只是一个遥远的设想，但是越来越多的证据表明，这样做似乎能够抹去与药物成瘾有关的记忆。对大鼠进行的几项研究发现，将 ZIP 注射到伏隔核会破坏大鼠对觅药地点的偏好。[2] 此外，ZIP 还可以破坏大鼠存储在与运动习惯有关的纹状体部分的习惯记忆。[3] 我们可以想象，有一天这些药物将被用来抹去与用药有关的记忆。这是有可能实现的，但它也会引起许多担忧，尤其是药物的影响可能非常广泛。所以通常来说，这种操作会导致与大脑特定区域有关的其他记忆被一并抹去。出于这个原因，研究人员对另一种称为记忆再巩固（reconsolidation）的方法似乎更感兴趣，这种方法可以阻断特定的记忆。

让记忆变得不稳定

长期以来，人们认为记忆一旦得到巩固，就会保持稳定。然而在1968年和2000年，有研究者发现了一个现象。[4]2000年，再次发现这个现象的卡里姆·纳德（Karim Nader）和乔·勒杜（Joe LeDoux）颠覆了记忆稳定的观点。[5]在纳德和勒杜的实验中，他们首先训练大鼠对某个特定的声音感到恐惧，方法是，每当播放这种声音就电击它们的脚。一段时间后，大鼠开始害怕这种声音，以至于听到这种声音就会浑身僵硬。当时人们已经知道，如果在大鼠完成学习后立即给它注射一种蛋白质合成抑制剂，会干扰其记忆的长期巩固，但如果是在完成学习后再过几个小时进行注射，则不会对记忆巩固造成干扰。但是纳德和勒杜直觉上认为，如果在即将注射药物的时候让动物想起先前的体验，那么恐惧学习的记忆痕迹可能会变得不稳定。为了验证这一点，他们先训练大鼠对这种声音感到恐惧，一天后，把它们放回盒子里，再次播放这种声音作为提示（这次没有电击），然后立即给它们注射蛋白质合成抑制剂。结果发现，与注射中性物质的对照组相比，这些注射了抑制剂的大鼠更少出现身体僵硬的情况，这表明声音提示使记忆变得不稳定，因此记忆的维持需要进一步的蛋白质合成。他们将这一现象叫作记忆的再巩固，它逐渐成为学习与记忆神经科学研究的热门话题（见图 8.1）。

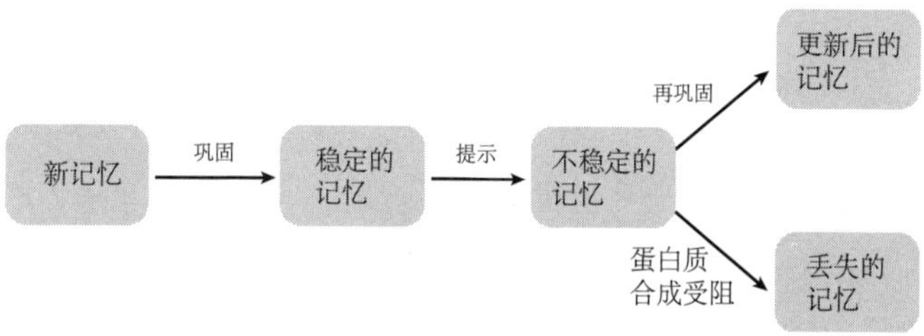

图 8.1　记忆最初是通过巩固的过程而稳定下来的。当记忆被重新激活时，它们会变得不稳定，必须再巩固才能再次变得稳定。通过药物或其他手段来阻断这一再巩固的过程，会导致记忆的丢失。

与再巩固相关的研究最初都集中在恐惧学习上，但后来研究人员也开始研究再巩固是否会影响与奖赏有关的习惯。乔纳森·李（Jonathan Lee）和巴里·埃弗里特做了一个实验来检验这一点，他们训练大鼠在看到一束光时通过按下特定的杠杆来获得可卡因。[6] 为了测试记忆的再巩固，他们用光（这次没有可卡因）来提示大鼠，紧接着给它们注射一种蛋白质合成抑制剂。然后，他们观察大鼠是否学会了按下杠杆来使光出现（在前面的训练中它们应该已经知道了光与可卡因是有关联的）。结果发现，那些没有注射蛋白质合成抑制剂的大鼠在接收到提示后，很快学会了按压杠杆，另一组没有收到提示的大鼠也学会了这样做。然而，收到提示并注射了蛋白质合成抑制剂的大鼠没有学会按下杠杆来使光出现，就好像它们已经忘记了光与可卡因是有关的。

北京大学陆林教授的团队进一步做了研究，他们发现，用药记忆不仅会被蛋白质合成抑制剂阻断，也会被经历阻断。[7]研究人员每次都在笼子里的固定地点给大鼠注射吗啡或可卡因，大鼠因此学会了将地点与药物联系起来。然后，只需要将大鼠放回笼子一小段时间，不为其提供药物，就能提示它们想起这种联系。接着，大鼠再次被放回笼子，在很长一段时间（3 小时）内不提供药物，这是为了消除地点和药物之间的联系。得克萨斯大学的玛丽·蒙菲尔斯（Marie Monfils）此前证明过，这种消退训练可以成功地改变恐惧记忆，但消退训练只能在一个特定的时间窗口内进行，即在提示后大约 10 分钟到 1 小时之后进行。陆林等发现，在记忆消退训练前进行提示能够改变大鼠的用药记忆，并阻止它们的寻药行为，但消退训练需要在提示出现 10 分钟后就开始进行；如果提示出现了 6 小时后再进行训练，那么用药记忆就不会消退了。所以，记忆的再巩固是在一段较短的时间窗口内发生的生物过程。

陆林教授团队在大鼠身上的发现让他们开始思考，这种方法是否适用于海洛因成瘾的人。事实上，再巩固作为一种临床工具的想法早在几十年前就有了，一项令人激动的发现表明，这种方法能够消除有问题的思维习惯。1976 年，一位名叫理查德·鲁宾（Richard Rubin）的精神病学家在一本鲜为人知的精神病学杂志上发表了一篇简短的报告，概述了一项针对 28 名精神病患者的研究，其中许多人患有强迫思维、强迫行为或偏执妄想。[8] 当时，精神病院常常选择电惊厥疗法（electroconvulsive therapy，ECT）来治疗许多精神疾病，这种疗法也常称为电休克治疗（shock treatment）。这些患者中的一些人在之前都接受过 ECT 治疗，但没有效果，鲁宾推测其中可能的一个原因是，这些治疗是在患者接受了麻醉（以防止受伤）之后进行的。他认为，如果患者在治疗过程中把他们的强迫思维或强迫行为表现出来，这将导致健忘，从而“治愈”他们的问题思维。他的报告结果令人印象深刻：“所有患者，在经过一次 ECT 治疗后……目前为止，出现明显改善的持续时间从 3 个月到 10 年不等。其中一人在 9 个月后复发，但经过进一步治疗也痊愈了。”

在陆林等对海洛因成瘾者的研究中，戒除计划包括观看与毒品相关的视频和图片、触摸模拟毒品（如假海洛因）等，时间为 1 小时；就像前面描述的大鼠研究一样，直觉告诉我们，不需要获得毒品，而只是接受与毒品相关的刺激就足以干扰毒瘾记忆。一些受试者在消退训练前的 10 分钟或 6 小时收到提示，提示为一段包含毒品相关内容的短片。研究人员检测了受试者的生理反应，发现训练前10分钟收到提示，会导致受试者在6个月后对海洛因的渴望持续减少。这是一项规模相对较小的研究（每组只有22名受试者），据我所知，没有任何独立的研究团队重复过这项研究，因此其结果虽然令人兴奋，但它只是一个初步的证明，需要在更大的试验中进行测试。

后来的研究在一些临床疾病（特别是创伤后应激障碍）中也进行了记忆再巩固测试，得出的结果并不全然一致。针对这些结果的稳定性和普遍性，人们提出了许多问题，一组研究人员因而在2017年得出结论："对再巩固进行干扰在多大程度上是一种可行的临床干预手段，仍有待商榷。"[9]由此看来，记忆再巩固仍然是一项有着广阔前景但需要进一步验证的技术。

"我忘了自己曾是个烟民"

在第四章中，我讨论了大脑损伤有时会导致心理功能的意外变化。安托万·贝哈拉（Antoine Bechara）对爱荷华州神经系统疾病患者登记注册中心的患者开展了一项研究，发现了大脑损伤的另一个有趣的副作用：它会降低个体对药物的渴望。[10]贝哈拉及同事检测了19名脑岛受损的吸烟者，以及50名大脑其他部分受损的吸烟者。脑岛特别参与整合感官信息的不同方面，包括来自我们身体内部的信息（内感受性感觉）——从字面上说，就是我们的“内部感觉”（gut feelings）。当贝哈拉等检测患者大脑损伤前后吸烟行为的变化时，他们发现，脑岛损伤患者中大约有 2/3 的人已经戒烟，而大脑其他部分损伤的患者却很少有戒烟的。一名患者（简称“N.”）的报告显示了这种变化与吸烟欲望的关系。

> 在中风前，N. 从未尝试戒烟，也没有想过要戒烟。N. 在中风的前一天晚上抽了最后一支烟。当被问及戒烟的原因时，他简单地说：“我忘了自己曾是个烟民。”当被要求进行详细说明时，他说他并没有忘记自己吸烟的事实，而是“我的身体忘记了吸烟的欲望”。
>
> 住院期间，虽然他有机会到外面抽烟，但他没有吸烟的冲动。他以前烟瘾很大，所以对于他不想在医院里抽烟，他的妻子感到非常惊讶。N. 回忆起他在医院时，他的室友经常出去抽烟，室友回来后的满身烟味让他感到非常反感，他曾要求换房间。他主动告诉研究人员，中风前，他梦到抽烟是如此令人愉快的一件事，而现在却让人感到厌恶。

其他一些研究重复了这项初步研究的结果，这表明脑岛损伤会导致吸烟减少这一结果是很可信的。如果脑岛损伤只会导致吸烟减少，那么我们可以考虑对该区域实施精神外科手术来阻断成瘾。然而，与所有大脑区域一样，脑岛损伤可能会带来多方面的消极影响，包括对心血管功能、味觉感知、疼痛感知的破坏，以及对情绪和动机的影响。正是因为有这些风险，因此脑岛损伤的精神外科手术就显得不合伦理了。也许有人会设想将 ZIP 这样的药物注射到脑岛中，来干扰吸烟成瘾记忆的巩固，就像萨克特消除大鼠的味觉厌恶记忆那样。然而，这种方法从未在人类身上得到过证实，其潜在的风险也不得而知。事实上，有证据显示，ZIP 对大脑中的某些细胞会产生毒性作用，这表明 ZIP 可能会带来不良的副作用，这些副作用可能会大于它在减少成瘾行为中带来的益处。

另一种可能更为安全的操控大脑的方法是使用脑刺激技术，如经颅磁刺激。这些技术可以抑制或增强大脑某个特定区域的活动，但刺激的区域相对较大。经颅磁刺激目前已获批用于治疗抑郁症，它是一种比电惊厥疗法更令人满意的替代疗法，已有证据显示，它对一些抑郁症患者是有效的。如果操作得当，它的副作用相对较小，主要的就是刺激头皮和头皮肌肉带来的不适感。一些研究试验用经颅磁刺激来治疗各种成瘾障碍，包括进食障碍和药物成瘾。虽然部分研究得到了积极的结果，但结论还不够充分，使用脑刺激技术治疗这些疾病还不能成为一种普适性的方法。

光遗传学可应用于人类吗？

我们已经不止一次看到，在动物身上，光遗传学刺激是多么强大和精准，例如，对小鼠眶额皮质和伏隔核之间的连接进行光遗传学刺激，能够消除小鼠的强迫性用药。在人类身上使用光遗传学刺激听上去似乎很遥远，但事实上已经有人在做这样的测试了。自 2019 年起，有两项早期临床试验正在进行，这两项试验旨在检测用光遗传学技术治疗视网膜色素变性（一种会导致失明的视网膜疾病）的安全性和有效性。要对细胞进行光刺激，就需要将对光敏感的特殊离子通道植入这些细胞。

在实验室动物身上，通常通过基因工程来实现这一点，但在人类中，必须使用一种基因疗法来实现，即将这些离子通道的基因嵌入细胞的 DNA。这种基因治疗仍处于起步阶段，基因改造总是存在潜在的未知风险。自从 1999 年杰西 · 盖尔辛格（Jesse Gelsinger）在基因治疗的早期试验中死亡，基因治疗的潜在风险就已经很清楚了。盖尔辛格患有一种遗传性肝病，他的父母为他报名参加了一项临床试验，该试验旨在用一种新基因取代他功能失调的基因。然而，在注射了将新基因导入肝脏的感冒病毒后，盖尔辛格出现了严重的炎症反应，几天后，他因器官衰竭而死亡。几年后，基因治疗的研究逐渐恢复，有了更高的安全性，并且已经成功治愈了一些疾病，如镰状细胞贫血症。如果经证明是安全的，那么用光遗传学技术刺激大脑中的特定离子通道来改变行为是很有可能实现的，但这需要进行脑部手术，而手术也会有巨大的风险，因此，这种方法只能针对非常严重的行为障碍。

麻省理工学院的安妮·格雷比尔等在大鼠身上做了一项特别的研究，让我们看到了光遗传学在改变习惯上的潜力。他们训练大鼠走一个像马克·帕卡德设计的那种十字迷宫，并确认大鼠养成了一种习惯，即当把它放在与之前的起点相对的那条通道上时，它会朝着无奖励的方向转向。通过一种光遗传学刺激，研究人员能够暂时抑制下边缘皮质内的神经元，他们发现，通过干扰这一区域，他们几乎可以立即使惯性行为对无奖励敏感，也就是说，将惯性的行为转变成了目标导向行为。令人惊讶的是，如果大鼠被允许发展一种习惯，那么大脑下边缘皮质的失活会让它们回到原来的习惯，这表明光刺激并没有消除原来的习惯，而是调节了它控制行为的程度。在人类身上应用这种方法所面临的挑战在于，我们并不确切地知道人类大脑的哪个部分与啮齿动物的下边缘皮质的作用相似，而且几乎可以肯定的是，同样的技术在物种间的作用会非常不同。尽管如此，这可能仍然会成为未来控制严重成瘾行为最有希望的方法之一，虽然在人体试验中实施可能需要几年甚至几十年的时间。

改善执行功能的药物

如果想知道药物能从多大程度上改善执行功能，我们可以看看当一个患有严重注意力缺陷/多动障碍（ADHD）的人服用兴奋药（哌甲酯）时会发生什么。迈克·贝贝内斯（Mike Berbenes）描述了自己身为一个ADHD患者在服药后的体验：[11]

> 是否服药会影响我的每一次体验。一趟简单的宜家之行可能是一段充实的周末时光，也可能是一场令人难以忍受的单调和沮丧的严酷考验，而这取决于我是否服用了安非他命……没有服药，我就像一个没有假肢的截肢者。单调沉闷变成了折磨，宜家变成了一座监狱。

后来他服用了哌甲酯：

> 20分钟后，一切都平静下来。噪声消失了……精力没有减少，但它带着目的。我的注意力一小时前还是涣散的，但现在已经集中了。我总跟人说，这种感觉就像是把泛光灯变成了激光。

有趣的是，哌甲酯是一种兴奋剂，与安非他命（也用于治疗

ADHD）关系密切。为什么一种能让一些人心神不宁、兴奋不已的药物，却让另一些人精神集中、保持平静呢？

哌甲酯通过增加前额叶皮质中儿茶酚胺类（包括多巴胺和去甲肾上腺素）神经递质的含量，从而对执行功能产生影响。有明显的证据表明，像哌甲酯这样的兴奋药可以改善执行功能，尤其是对于 ADHD 患者。虽然许多不患有 ADHD 的人使用这类药物是为了让自己获得兴奋，但我们并不太清楚这类药物会对健康个体的认知带来什么影响。

宾夕法尼亚大学的玛莎·法拉（Martha Farah）等进行的一项元分析发现，兴奋药对健康个体认知功能的影响微乎其微，持续使用这类药物可能是由于药物对动机的影响而不是对认知的影响。[12] 例如，一项研究发现，在一个需要快速按下按钮以获得小奖励的任务中，服用右旋安非他命（另一种治疗 ADHD 的常用药物）的健康受试者会比他们服用安慰剂时表现得更加努力。[13]

我还没有发现有关兴奋药能够促进行为改变的证据。也许最大的挑战是，兴奋药本身就会使人上瘾，因此，用它来改变行为可能会导致从一个坏习惯换到另一个坏习惯。然而，对于患有 ADHD 的人来说，兴奋药能够提高执行控制功能这一点可能会对行为改变产生潜在的影响。

个体化的行为改变

在医学领域，人们对基于个体水平的精准诊断、精准治疗非常感兴趣，这称为精准医学（precision medicine）。在一定程度上，这是因为人们意识到，对于许多疾病，每个人对特定治疗的反应都存在巨大差异。这一点在癌症治疗中表现得最为明显。在癌症治疗中，个体对特定治疗的反应可能会因个体癌细胞基因突变的特定分子特征而大不相同。除癌症治疗外，现在越来越多的药物也都标明了特定的基因变异对药物疗效的影响，或者用药后可能出现的不良反应等信息。截至 2020 年 6 月，美国食品和药物管理局列出了 240 种非癌症治疗方法和 164 种癌症治疗方法，其疗效可能取决于是否存在特定的生物标志物（biomarker）[14]——一种生化指标（如基因变异或其他生物学差异），它很容易进行测量并有助于确定哪些患者能够从特定的治疗中获益最大，或者相反，哪些患者由于潜在的副作用应该避免该治疗。

在行为改变的背景下，精准医学的挑战在于确定这些生物标志物是什么，以及它们与可能的治疗之间的关系。目前比较热门的是使用脑成像技术来识别生物标志物，从而帮助提高心理障碍的治疗效果。康纳·利斯顿（Conor Liston）等于 2017 年发表了一项著名研究，他们利用 fMRI 确定了抑郁症不同亚型的大脑生物标志物。[15] 研究人员对受试者的大脑连接模式进行了静息态的 fMRI

扫描；通过检查不同大脑区域活动的相关性，根据连接模式将患者分组，研究人员确定了抑郁症的 4 种生物型（biotypes）。他们进一步表明，抑郁症的 4 种亚型对经颅磁刺激治疗有不同的反应。有人对这项研究的可重复性提出了质疑，但我们依然能够看到脑成像技术对于开发与脑功能相关的各种疾病的生物标志物方面所具有的前景。[16]

行为测量（如测量个体在认知任务上的表现）比不上脑成像数据那么具体，但在确定生物标志物上成本要低得多。例如，我的团队在研究中发现，将不同的行为测量法结合在一起有助于预测一些与行为改变相关的结果，比如酗酒、吸烟和肥胖。[17] 有的研究人员对于使用移动设备来测量行为尤其感兴趣，因为它可以对各种“行为生物标志物”进行非侵入性的、低成本的测量。

在精准医学领域，另一个受到关注的概念是单病例随机对照试验（“N-of-1 临床试验”，其中“N”是指试验参与者的数量）。[18] 在医学上，判断一种治疗方法是否有效的黄金标准是随机对照试验。在随机对照试验中，参与者被随机分配到治疗组或对照组。将参与者进行随机分配有助于减少由患者或医生选择治疗方法而可能出现的任何偏差。但随机对照试验的问题在于，它假定每个人对治疗的反应都是一样的。然而我们越来越清楚地看到，许多疗法都不可能产生这样的结果。因此，我们可以针对特定个体去测试一系列的治疗方法，这就是 N-of-1 临床试验背后的理念。例如，对试图减少饮酒量的人，医生认为有两种药物治疗可能有效：纳曲酮（减少酒精的奖励作用）或胍法辛（可以改善执行功能）。如果是进行 N-of-1 试验，医生会给患者开一个处方，患者需要在一段时间内（如两个月）服用这两种药物中的一种，在此期间，患者需要记录他的饮酒情况。过了一段时间，医生会再开一个处方，患者换服另一种药物；医生有可能多次交替地开这两种药物处方，其间还可能会开安慰剂作为处方。随着时间的推移，应该会清楚哪种药物治疗对该患者尤其有效。鉴于行为改变的困难有许多不同的潜在机制，这种方法很可能在行为改变的背景下是有效的。这类试验目前已经有过发表，但因质量不佳受到了批评，所以我们需要更大规模的研究以及对变量进行有效控制的研究，才能最终确定这种方法是否有用。[19]

让我们来想象一下，未来的“精准行为改变治疗”会是什么样子。以一个想要减少饮酒的人为例：他第一次去看医生时需要做一系列的认知测试，医生会用 fMRI 对他进行脑部扫描以测量其大脑的连通性，然后要对他进行采血以分析其基因组。基因分析将确定个体出现各种问题的风险，包括他对酒精奖励的敏感性以及执行控制方面存在困难的可能性，认知测试将专门针对这些功能的特定方面进行测量。脑成像分析将与这些结果相结合，以确定哪些大脑机制最有可能导致这个人的饮酒问题。利用这些信息，医生会选择最有可能对患者有益的一组治疗方法，并进行

N-of-1 试验，对这些疗法进行单独或组合测试。虽然这种方法目前还是一种设想，它是基于对行为改变潜在机制的理解而提出的，我希望贯穿本书的神经科学研究最终能让它变成现实。

第九章
从改变个体习惯到改变集体习惯

人们通常认为，这个世界是很稳定的，每一天都大致相同，正如我在前文所描述的，这是一个基本的事实，正是这样才导致了习惯系统的进化。然而有时，这个世界会在短时间内发生巨大的变化，就像在 2020 年年初，SARS-CoV-2 病毒在全球迅速传播，导致了新型冠状病毒肺炎的大流行。为了防止因疫情暴发而导致医疗设施不堪重负（就像在意大利一样），世界各地开始发布禁令，几乎所有人的日常生活都因此受到了影响。自从美国的旧金山湾区发布了“就地庇护令”以来，我从每天开车、搭火车和骑自行车上下班，变成了大部分时间都在家办公；从与同事和学生定期进行面对面的互动，变成了整天忙于在线会议和讲座。在疫情初期那些人心惶惶的日子里，我们看到了意大利急诊室人满为患的恐怖景象，我们也对于一些简单的习惯有了更多的了解——摸脸——这个习惯是阻止这一疾病传播的大敌。我们还学会了很多策略来帮助我们洗手长达 20 秒以上，比如洗手的时候唱两遍《生日快乐歌》。

从某种程度上说，新型冠状病毒肺炎的大流行印证了我在本书中提出的许多观点。即使我们有很强的动机，行为改变也是困难的：尽管我很想避免触摸自己的脸，但我还是常常发现自己会这样做，而且我会不知不觉回到以前那种快速洗手的习惯中。疫情还凸显了环境对于习惯的改变有多么大的影响。过去我常常会在下午 3 点左右去学校的咖啡厅，一边喝着咖啡，一边吃着巧克力曲奇饼干，尽管我的目标是避免吃含糖食物。但自从旧金山宣布封城以来，我再也不能轻易地去咖啡馆买东西吃了。在我写这段话的时候，已经封城 3 个月左右了，这么长时间以来，我没有吃过任何含糖的下午茶点心。

从另一方面看，大流行也凸显了人类适应新情况的速度有多么快。在封城的几周内，我们这些有幸能够进行远程办公的人已经适应了这种新的“社交隔离”的生活方式，一切都变得太正常不过。如果有一天世界能回到“正常的”生活，我们为应对大流行所做的改变是否会继续存在，这还有待观察。我们会回到握手、拥抱、摸脸的时代吗？只有时间知道答案，但我预测，顽固的习惯将会胜出。

需要迫切提升行为改变的科学研究

物种进化为我们提供了一个在旧石器时代运作良好的大脑，但现代世界暴露了我们的大脑在先天上的一些缺陷。就像网络罪犯可以利用漏洞入侵计算机系统一样，当今的毒品贩子、食品工程师和技术设计师都已经找到利用大脑弱点的方法。这些事实已然发生，无法逆转，这就意味着行为改变对人类来说将是一场持久的斗争。然而，就我看来，行为改变的科学未来是光明的。

首先，越来越多的研究都在致力于理解行为改变的生物学和心理学机制。知道了这些机制以后，我们能做的就不仅仅是研究某种特定疗法是否有效，我们还可以研究它如何起效。目前，我们对行为改变的理解不如对许多疾病的理解那样透彻，但神经科学和心理学正在为行为改变的机制提供越来越清晰的解释。在过去的 20 年里，神经科学技术取得了惊人的进步，为我们提供了有关习惯和自控力的特定生物学机制的详细知识。同时，我们也从单纯的行为研究中获得了一些见解，比如，对于意志力在习惯和行为改变中所起的作用，一些行为研究就为我们提供了新的思路。

其次，对于如何重复和概括这类研究，我们的经验也越来越丰富。我在本书中多处提到过，前人的一些科学实践导致了不可靠的结论，比如，样本量太小，或者聚焦于单个基因对行为的影响。过去的10年里，科学界兴起了一场可重复性运动（reproducibility movement），发展出了许多直面这些问题的策略，这些新方法正在日益成为整个科学领域的规范。科学作为一个整体，已经显示出它相对快速地改变其行为的能力（至少与社会的其他方面相比是如此），即使个别科学家可能会在转变研究方法和思维方式上遇到许多困难。

一个主要的改进就是越来越多的科学家开始认识到，要获得可重复的结果，就需要更大的样本量。我们在越来越多的大型研究中看到了这一点，例如，旨在了解行为“助推”的StepUp项目以及旨在解析行为的遗传基础的全基因组关联分析。这些大型研究可以为科学问题提供更可靠的答案，但这需要大笔资金的投入。这类研究成本太高，我们无法对每一个科学问题都采用这种方法。幸运的是，对于规模小一些的研究，也有方法能够确保它们的可重复性。一种新的实践模式称为预注册（preregistration），指研究人员在进行研究之前对他们的研究方法和预测进行概述，并将其交由第三方评议，直至研究完成。一般人可能会认为科学的工作方式就是如此，但其实在实践中，研究人员在分析数据方面往往有很大的灵活性。

在过去，如果数据分析的结果没能够印证研究人员的预测，他们通常就会换一种分析方法，直到数据分析结果与预测相一致，而这会导致许多假阳性结果的发表。自2000年起，美国国立心、肺、血液病研究所（National Heart, Lung, and Blood Institute）要求临床试验对其预测结果进行登记，效果非常令人吃惊：[1]在这一要求之前，一半以上的临床试验都报告了阳性结果，而在这一要求之后，只有不到10%的临床试验报告了阳性结果。这似乎表明，在要求研究人员具体说明他们的预测结果之前，这些研究人员是在不断地“更改规则”，以便找到某种方法来证明他们的治疗是成功的。预注册在心理学领域变得越来越普遍，因为在过去的10年里，心理学的许多研究都没能重复先前实验的结果。[2]预注册还没有在神经科学研究中得到普及，但“可重复性运动”在这一领域逐渐开始兴起了。

我特别主张开放科学（open science）的发展，我认为这有可能大大提高科学研究的质量和影响力。开放科学运动的目标是发展一种注重透明度和可重复性的科学文化，而不是一种竞争文化。在竞争文化中，研究人员都想要做出新发现，而这种急功近利往往会以牺牲研究质量为代价。开放科学的一个重要方面是研究资源的共享，包括研究数据和用于分析这些数据的计算机软件。我们的研究表明，即使拿到相同的数据，研究人员也可能从中得出截然不同的答案[3]，因此数据和软件的共享非常重要，这样，其他研究人员才能够确定研究结论的普遍性。开放科学运动的另一个重要方面是推动研究出版物的开放获取。大多数研究都是由纳税人的钱资助的，但许多研究论文发表在收费期刊上，这就使得公众无法从自己的“投资”中获益。在推动出版物的开放获取方面成效是显著的——目前，所有由美国国立卫生研究院资助的研究必须通过 PubMed Central（PMC）数据库向公众开放。此外，越来越多的研究人员将他们的论文上传到开放获取的“预印本”网站上，任何人都可以访问这些研究。在新型冠状病毒肺炎大流行期间，这些预印本网站的作用尤其凸显了出来，在疫情暴发的头几个月，有大量的相关研究论文提交到了这些网站上。这些网站面临的挑战在于，提交上来的研究没有经过同行评审，这意味着它可能在方法或解释上存在缺陷。然而，这项工作的公开性能够使研究迅速地取得进展，在这次大流行中，我们对病毒和疾病的深入了解要比以往任何公共卫生突发事件都快得多。

从个人改变到社会改变

在本书中，我关注的是个人行为的改变，但人类也面临着一场生存危机，这可能需要个人和集体行为都做出重大改变，才能防止全球范围内人类生活遭到大规模破坏。显然，我说的破坏是指工业化社会的碳密集型生活方式导致的气候危机。越来越多的迹象表明，这场危机将很快影响到几乎所有人的生活，2020 年年初澳大利亚的大规模森林大火、2019 年欧洲的致命热浪以及

2017 年的飓风哈维仅仅是诸多迹象中最新发生的几例。

解决气候问题所需的行为改变，其规模几乎是难以想象的大，部分原因是因为这是涉及全球范围的一种改变。要避免气候变化的“临界点”，就需要社会几乎每个方面都发生重大而迅速的变化，变化的广度和速度要远远超出世界上绝大多数大国目前的一致观点。[4] 许多人已经在改变他们的个人生活，以此来改变他们对地球的影响。就我个人而言，考虑到坐飞机会对碳排放产生很大的影响，我几乎取消了所有因工作原因需要坐飞机出行的计划（以前我每年要飞 10 万英里以上），我的许多同为科研人员的同事也在这样做。[5] 然而，很明显，要防止气候灾难的发生，除了个人的改变外，还需要社会行为的改变。虽然我在本书中只关注了个人的行为改变，但心理科学对于社会变化需要个人在哪些方面做出牺牲也提供了深刻的见解。[6] 我希望，用于解决这些社会问题的行为改变科学，能够帮助我们理解如何才能最好地使人类社会的行为朝着更可持续的方向发展。

致　谢

完成本书，我先要感谢我的几位同事：彼得·班代蒂尼（Peter Bandettini）、亚伦·布雷斯德尔（Aaron Blaisdel）、朱莉娅·哈斯（Julia Haas）、大卫·詹奇（David Jentsch）、科林·克莱因（Colin Klein）、特雷弗·罗宾斯和卢克·斯托克尔（Luke Stoeckel），他们非常友好地阅读了本书初稿的全部或大部分内容，并做出了翔实的评论。他们真诚而细致的反馈，使我能够更有效地重新组织这本书，并帮助我在不太擅长的领域找到了准确的科学依据。

我还要感谢一些同事和朋友对本书的初稿发表评论、回答技术问题或提供有价值的讨论，他们是：艾米·阿恩斯滕、约书亚·伯克（Joshua Berke）、帕特里克·比塞特（Patrick Bissett）、凯尔·伯格（Kyle Burger）、费尔瑞·库什曼、纳撒尼尔·丹、安吉拉·达克沃斯、保罗·弗莱彻、大卫·格兰兹曼（David Glanzman）、凯文·霍尔、罗伯·马伦卡（Rob Malenka）、厄尔·米勒、莉斯贝思·尼尔森 (LisbethNielsen)、艾米·奥本、保罗·菲利普斯 (Paul Phillips)、詹姆斯·普劳德（James Proud）、比尔·萨沃伊（Bill Savoie）、汤姆·肖伯格（Tom Schonberg）、卡特琳娜·塞门德费瑞（Katerina Semendeferi）、麦克·希恩（Mac Shine）、埃里克·斯蒂奇（Eric Stice）、丹·特兰内尔（Dan Tranel）、乌库·维尼克（Uku Vainik）、凯特·沃森（KateWassum）、大卫·扎尔德（David Zald）。

我要特别感谢普林斯顿大学出版社的编辑哈莉·斯特宾斯（Hallie Stebbins），她一遍又一遍地对书稿提出修改建议，使得本书的质量有了非常大的提升。

我最感谢的是我的妻子詹妮弗·奥特（Jennifer Ott）。我是一个工作狂，而对此她已经默默忍受了多年。虽然我拙于表达，但我心里明白，正是她的爱和支持才给了我继续前进的勇气。

注　释

前　言

1. W James. *The Principles of Psychology*. Volume 1. New York: Henry Holt and Co., 1890.

2. Icek Ajzen and Arie W Kruglanski. "Reasoned action in the service of goal pursuit." In: *Psychol Rev* 126.5 (Oct. 2019), pp. 774–86. doi: 10.1037/rev0000155.

3. Judith A Ouellette and Wendy Wood. "Habit and intention in everyday life: The multiple processes by which past behavior predicts future behavior." In: *Psychological Bulletin* (1998), pp. 54–74.

4. A Dickinson. "Actions and habits: The development of behavioural autonomy." In: *Philosophical Transactions of the Royal Society of London, Series B, Biological Sciences* 308.1135 (1985), pp. 67–78. http://www.jstor.org/stable/2396284.

第一章

1. S Zola-Morgan, L R Squire, and D G Amaral. "Human amnesia and the medial temporal region: Enduring memory impairment following a bilateral lesion limited to field CA1 of the hippocampus." In: *J Neurosci* 6.10 (1986), pp. 2950–67.

2. N J Cohen and L R Squire. "Preserved learning and retention of pattern-analyzing skill in amnesia: Dissociation of knowing how and knowing that." In: *Science* 210.4466 (1980), pp. 207–10.

3. L R Squire et al. "Description of brain injury in the amnesic patient N. A. based on magnetic resonance imaging." In: *Exp Neurol* 105.1 (1989), pp. 23–35.

4. PD MacLean. *The Triune Brain in Evolution: Role in Paleocerebral Functions*. New York: Plenum, 1990.

5. Angela Rizk-Jackson et al. "Evaluating imaging biomarkers for neurodegeneration in presymptomatic Huntington's disease using machine learning techniques." In: *Neuroimage* 56.2 (2011), pp. 788–96. doi: 10.1016/j.neuroimage.2010.04.273.

6. E D Caine et al. "Huntington's dementia. Clinical and neuropsychological features." In: *Arch. Gen. Psychiatry* 35.3 (Mar. 1978), pp. 377–84.

7. M Martone et al. "Dissociations between skill learning and verbal recognition in amnesia and dementia." In: *Arch Neurol* 41.9 (1984), pp. 965–70.

8. R G Northcutt and J H Kaas. "The emergence and evolution of mammalian neocortex." In: *Trends Neurosci* 18.9 (1995), pp. 373–79.

9. J W Mink. "The basal ganglia: Focused selection and inhibition of competing motor programs." In: *Prog Neurobiol* 50.4 (1996), pp. 381–425.

10. Oscar Arias-Carríon et al. “Dopaminergic reward system: A short integrative review.” In: *Int Arch Med* 3 (2010), p. 24. doi: 10.1186/1755-7682-3-24.

11. Shankar J Chinta and Julie K Andersen. “Dopaminergic neurons.” In: *Int J Biochem Cell Biol* 37.5 (2005), pp. 942–46. doi: 10.1016/j.biocel.2004.09.009.

12. Alexxai V Kravitz et al. “Regulation of parkinsonian motor behaviours by optogenetic control of basal ganglia circuitry.” In: *Nature* 466.7306 (2010), pp. 622–26. doi: 10.1038/nature09159.

13. I should note that despite the fact that it is one of the most widely accepted ideas in neuroscience, the idea that synaptic plasticity is *the* primary mechanism for learning and memory has come under heavy fire in the last few years. In particular, more recent work has begun to suggest that important aspects of memory may reside in changes within the neuron related to how genes are expressed, which we further discuss in Chapter 6. See Wickliffe C Abraham, Owen D Jones, and David L Glanzman. “Is plasticity of synapses the mechanism of long-term memory storage?” In: *NPJ Sci Learn* 4 (2019), p. 9. doi: 10.1038/s41539-019-0048-y for an outstanding overview of these recent ideas.

14. W Schultz, P Dayan, and P R Montague. “A neural substrate of prediction and reward.” In: *Science* 275.5306 (1997), pp. 1593–99. doi: 10.1126/science.275.5306.1593.

15. P Redgrave, T J Prescott, and K Gurney. “The basal ganglia: A vertebrate solution to the selection problem?” In: *Neuroscience* 89.4 (1999), pp. 1009–23. doi: 10.1016/s03064522(98)00319-4.

16. Xin Jin, Fatuel Tecuapetla, and Rui M Costa. "Basal ganglia subcircuits distinctively encode the parsing and concatenation of action sequences." In: *Nat Neurosci* 17.3 (2014), pp. 423–30. doi: 10.1038/nn.3632.

第二章

1. J L Mystkowski, M G Craske, and A M Echiverri. "Treatment context and return of fear in spider phobia." In: *Behavior Therapy* 33 (2002), pp. 399–416.

2. Henry H Yin and Barbara J Knowlton. "The role of the basal ganglia in habit formation." In: *Nat. Rev. Neurosci.* 7.6 (June 2006), pp. 464–76. doi: 10.1038/nrn1919.

3. Kyle S Smith and AnnMGraybiel. "A dual operator view of habitual behavior reflecting cortical and striatal dynamics." In: *Neuron* 79.2 (2013), pp. 361–74. doi: 10.1016/j.neuron.2013.05.038.

4. Peter C Holland. "Relations between Pavlovian-instrumental transfer and reinforcer devaluation." In: *J Exp Psychol Anim Behav Process* 30.2 (2004), pp. 104–17. doi: 10.1037/0097-7403.30.2.104.

5. P Watson et al. "Working for food you don't desire. Cues interfere with goal-directed food-seeking." In: *Appetite* 79 (2014), pp. 139–48. doi: 10.1016/j.appet.2014.04.005.

6. Kate M Wassum et al. "Phasic mesolimbic dopamine release tracks reward seeking during expression of Pavlovian-to-instrumental transfer." In: *Biol Psychiatry* 73.8 (2013), pp. 747–55. doi: 10.1016/j.biopsych.2012.12.005.

7. Briac Halbout et al. "Mesolimbic dopamine projections mediate cue-motivated reward seeking but not reward retrieval in rats." In: *Elife* 8 (2019).

doi: 10.7554/eLife.43551.

8. Matt Field and W Miles Cox. "Attentional bias in addictive behaviors: A review of its development, causes, and consequences." In: *Drug Alcohol Depend* 97.1–2 (2008), pp. 1–20. doi: 10.1016/j.drugalcdep.2008.03.030.

第三章

1. R A Poldrack et al. "Interactive memory systems in the human brain." In: *Nature* 414.6863 (2001), pp. 546–50. doi: 10.1038/35107080.

2. Richard S Sutton and Andrew G Barto. *Reinforcement Learning: An Introduction*. Second edition. Adaptive Computation and Machine Learning Series. Cambridge, MA: Bradford Books, 2018.

3. A computational notebook with a working implementation of this model is available at https://github.com/poldrack/reinforcement_learning_example/blob/master/RLexample.ipynb.

4. Hannah M Bayer and Paul W Glimcher. "Midbrain dopamine neurons encode a quantitative reward prediction error signal." In: *Neuron* 47.1 (2005), pp. 129–41. doi: 10.1016/j.neuron.2005.05.020.

5. Ian W Eisenberg et al. "Uncovering the structure of self-regulation through data-driven ontology discovery." In: *Nat Commun* 10.1 (2019), p. 2319. doi: 10.1038/s41467-019-10301-1.

6. https://www.reddit.com/r/ems/comments/2auj17/drug_seeker_stories/.

7. Fiery Cushman and Adam Morris. "Habitual control of goal selection in humans." In: *Proc Natl Acad Sci USA* 112.45 (2015), pp. 13817–22. doi: 10.1073/pnas.1506367112.

第四章

1. John Darrell Van Horn et al. “Mapping connectivity damage in the case of Phineas Gage.” In: *PLoS One* 7.5 (2012), e37454. doi: 10.1371/journal.pone.0037454.

2. John M Harlow. “Recovery from the passage of an iron bar through the head.” In: *Publications of the Massachusetts Medical Society* 2.3 (1868).

3. Malcolm Macmillan. *An Odd Kind of Fame: Stories of Phineas Gage*. Cambridge, MA: MIT Press, 2000.

4. Joseph Barrash et al. “‘Frontal lobe syndrome’? Subtypes of acquired personality disturbances in patients with focal brain damage.” In: *Cortex* 106 (2018), pp. 65–80. doi: 10.1016/j.cortex.2018.05.007.

5. Marcie L King et al. “Neural correlates of improvements in personality and behavior following a neurological event.” In: *Neuropsychologia* (2017). doi: 10.1016/j.neuropsychologia. 2017.11.023.

6. M M Mesulam. “From sensation to cognition.” In: *Brain* 121 (Pt 6) (1998), pp. 1013–52.

7. Kate Teffer and Katerina Semendeferi. “Human prefrontal cortex: Evolution, development, and pathology.” In: *Prog Brain Res* 195 (2012), pp. 191–218. doi: 10.1016/B978-0-444 53860-4.00009-X.

8. P Kochunov et al. “Fractional anisotropy of cerebral white matter and thickness of cortical gray matter across the lifespan.” In: *Neuroimage* 58.1 (2011), pp. 41–49. doi: 10.1016/j.neuroimage.2011.05.050.

9. T Sawaguchi and P S Goldman-Rakic. “D1 dopamine receptors in prefrontal cortex: Involvement in working memory.” In: *Science* 251.4996 (1991), pp. 947–50.

10. G V Williams and P S Goldman-Rakic. "Modulation of memory fields by dopamine D1 receptors in prefrontal cortex." In: *Nature* 376.6541 (1995), pp. 572–75. doi: 10.1038/376572a0.

11. Earl K Miller, Mikael Lundqvist, and André M Bastos. "Working Memory 2.0." In: *Neuron* 100.2 (Oct. 2018), pp. 463–75. doi: 10.1016/j.neuron.2018.09.023.

12. I should note that there is evidence that doing this can be counterproductive, and it was only when I started giving talks without the drug that I was able to finally conquer my anxiety about public speaking.

13. A F Arnsten and P S Goldman-Rakic. "Alpha 2-adrenergic mechanisms in prefrontal cortex associated with cognitive decline in aged nonhuman primates." In: *Science* 230.4731 (1985), pp. 1273–76.

14. Amy F T Arnsten, Min J Wang, and Constantinos D Paspalas. "Neuromodulation of thought: Flexibilities and vulnerabilities in prefrontal cortical network synapses." In: *Neuron* 76.1 (2012), pp. 223–39. doi: 10.1016/j.neuron.2012.08.038.

15. Harris R Lieberman et al. "The fog of war: Decrements in cognitive performance and mood associated with combat-like stress." In: *Aviat Space Environ Med* 76.7 Suppl (2005), pp. C7–C14.

16. Min Wang et al. "Alpha2A-adrenoceptors strengthen working memory networks by inhibiting cAMP-HCN channel signaling in prefrontal cortex." In: *Cell* 129.2 (2007), pp. 397– 410. doi: 10.1016/j.cell.2007.03.015.

17. Angela L Duckworth, Eli Tsukayama, and Teri A Kirby. "Is it really self-control? Examining the predictive power of the delay of gratification task." In: *Pers Soc Psychol Bull* 39.7 (2013), pp. 843–55. doi: 10.1177/0146167213482589.

18. Celeste Kidd, Holly Palmeri, and Richard N Aslin. "Rational snacking: Young children's decision-making on the marshmallow task is moderated by beliefs about environmental reliability." In: *Cognition* 126.1 (2013), pp. 109–14. doi: 10.1016/j.cognition.2012.08.004.

19. Anuj K Shah, Sendhil Mullainathan, and Eldar Shafir. "Some consequences of having too little." In: *Science* 338.6107 (2012), pp. 682–85. doi: 10.1126/science.1222426.

20. L Green et al. "Temporal discounting in choice between delayed rewards: The role of age and income." In: *Psychol Aging* 11.1 (1996), pp. 79–84.

21. Andrey P Anokhin et al. "The genetics of impulsivity: Evidence for the heritability of delay discounting." In: *Biol Psychiatry* 77.10 (2015), pp. 887–94. doi: 10.1016/j.biopsych.2014.10.022.

22. James MacKillop et al. "Delayed reward discounting and addictive behavior: A metaanalysis." In: *Psychopharmacology* 216.3 (2011), pp. 305–21. doi: 10.1007/s00213-0112229-0.

23. Janet Audrain-McGovern et al. "Does delay discounting play an etiological role in smoking or is it a consequence of smoking?" In: *Drug Alcohol Depend* 103.3 (2009), pp. 99–106. doi: 10.1016/j.drugalcdep.2008.12.019.

24. Samuel M McClure and Warren K Bickel. "A dual-systems perspective on addiction: Contributions from neuroimaging and cognitive training." In: *Ann NY Acad Sci* 1327 (2014), pp. 62–78. doi: 10.1111/nyas.12561.

25. https://www.youtube.com/watch?v=QX_oy9614HQ .

26. Richard H Thaler and H M Shefrin. "An economic theory of self-control." In: *Journal of Political Economy* 89.2 (1981), pp. 392–406. http://

www.jstor.org/stable/1833317.

27. Samuel M McClure et al. “Separate neural systems value immediate and delayed monetary rewards.” In: *Science* 306.5695 (2004), pp. 503–7. doi: 10.1126/science.1100907.

28. S Whiteside and D Lynam. “The five factor model and impulsivity: Using a structural model of personality to understand impulsivity.” In: *Personality and Individual Differences* 30.4 (2001), pp. 669–89.

29. Sandra Sanchez-Roige et al. “Genome-wide association studies of impulsive personality traits (BIS-11 and UPPS-P) and drug experimentation in up to 22,861 adult research participants identify loci in the CACNA1I and CADM2 genes.” In: *J Neurosci* 39.13 (2019), pp. 2562–72. doi: 10.1523/JNEUROSCI.2662-18.2019.

30. John P A Ioannidis. “Why most published research findings are false.” In: *PLoS Med* 2.8 (2005), e124. doi: 10.1371/journal.pmed.0020124.

31. Benjamin J Shannon et al. “Premotor functional connectivity predicts impulsivity in juvenile offenders.” In: *Proc Natl Acad Sci USA* 108.27 (2011), pp. 11241–45. doi: 10.1073/pnas.1108241108.

32. Johannes Golchert et al. “In need of constraint: Understanding the role of the cingulate cortex in the impulsive mind.” In: *Neuroimage* 146 (Feb. 2017), pp. 804–13. doi: 10.1016/j.neuroimage.2016.10.041.

33. https://www.leefromamerica.com/blog/bingehistory.

34. Adam R Aron et al. “Stop-signal inhibition disrupted by damage to right inferior frontal gyrus in humans.” In: *Nat Neurosci* 6.2 (2003), pp. 115–16. doi: 10.1038/nn1003.

35. Adam R Aron and Russell A Poldrack. “Cortical and subcortical

contributions to stop signal response inhibition: Role of the subthalamic nucleus." In: *J Neurosci* 26.9 (2006), pp. 2424–33. doi: 10.1523/JNEUROSCI.4682-05.2006.

36. For a deeper introduction to f MRI and neuroimaging in general, see my previous book *The New Mind Readers*.

37. Atsushi Nambu, Hironobu Tokuno, and Masahiko Takada. "Functional significance of the cortico-subthalamo-pallidal 'hyperdirect' pathway." In: *Neurosci Res* 43.2 (2002), pp. 111–17. doi: 10.1016/s0168-0102(02)00027-5.

38. Adam R Aron et al. "Triangulating a cognitive control network using diffusion-weighted magnetic resonance imaging (MRI) and functional MRI." In: *J Neurosci* 27.14 (2007), pp. 3743– 52. doi: 10.1523/JNEUROSCI.0519-07.2007.

39. Robert Schmidt et al. "Canceling actions involves a race between basal ganglia pathways." In: *Nat Neurosci* 16.8 (2013), pp. 1118–24. doi: 10.1038/nn.3456.

40. Ian W Eisenberg et al. "Uncovering the structure of self-regulation through datadriven ontology discovery." In: *Nat Commun* 10.1 (2019), p. 2319. doi: 10.1038/s41467-019-10301-1.

41. Wilhelm Hofmann et al. "Everyday temptations: An experience sampling study of desire, conflict, and self-control." In: *J Pers Soc Psychol* 102.6 (2012), pp. 1318–35. doi: 10.1037/a0026545.

42. Brian M Galla and Angela L Duckworth. "More than resisting temptation: Beneficial habits mediate the relationship between self-control and positive life outcomes." In: *J Pers Soc Psychol* 109.3 (2015), pp. 508–25. doi: 10.1037/pspp0000026.

第五章

1. The term *addiction* has been superseded in clinical psychiatry by the term *substance use disorder*, but I will use *addiction* here since it is more commonly understood.

2. https://www.vice.com/en_us/article/kwxkbv/ex-users-describe-the-first-time-they-tried-heroin.

3. J Olds. "Self-stimulation of the brain; its use to study local effects of hunger, sex, and drugs." In: *Science* 127.3294 (1958), pp. 315–24. doi: 10.1126/science.127.3294.315.

4. https://www.youtube.com/watch?v=GOnENVylxPI.

5. Christian Lüscher. "The emergence of a circuit model for addiction." In: *Annu Rev Neurosci* 39 (July 2016), pp. 257–76. doi: 10.1146/annurev-neuro-070815-013920.

6. Yan Dong and Eric J Nestler. "The neural rejuvenation hypothesis of cocaine addiction." In: *Trends Pharmacol Sci* 35.8 (2014), pp. 374–83. doi: 10.1016/j.tips.2014.05.005.

7. N D Volkow et al. "Decreased striatal dopaminergic responsiveness in detoxified cocainedependent subjects." In: *Nature* 386.6627 (1997), pp. 830–33. doi: 10.1038/386830a0.

8. B J Everitt, A Dickinson, and T W Robbins. "The neuropsychological basis of addictive behaviour." In: *Brain Res Rev* 36.2–3 (2001), pp. 129–38. doi: 10.1016/s0165-0173(01)00088-1.

9. Jeffrey W Dalley et al. "Nucleus accumbens D2/3 receptors predict trait impulsivity and cocaine reinforcement." In: *Science* 315.5816 (2007), pp. 1267–70. doi: 10.1126/science.113 7073.

10. Buyean Lee et al. "Striatal dopamine d2/d3 receptor availability is reduced in methamphetamine dependence and is linked to impulsivity." In: *J Neurosci* 29.47 (2009), pp. 14734–40. doi: 10.1523/JNEUROSCI.3765-09.2009.

11. Sietse Jonkman, Yann Pelloux, and Barry J Everitt. "Differential roles of the dorsolateral and midlateral striatum in punished cocaine seeking." In: *J Neurosci* 32.13 (2012), pp. 4645–50. doi: 10.1523/JNEUROSCI.0348-12.2012.

12. David Belin and Barry J Everitt. "Cocaine seeking habits depend upon dopaminedependent serial connectivity linking the ventral with the dorsal striatum." In: *Neuron* 57.3 (2008), pp. 432–41. doi: 10.1016/j.neuron.2007.12.019.

13. Billy T Chen et al. "Rescuing cocaine-induced prefrontal cortex hypoactivity prevents compulsive cocaine seeking." In: *Nature* 496.7445 (2013), pp. 359–62. doi: 10.1038/nature12024.

14. Youna Vandaele and Patricia H Janak. "Defining the place of habit in substance use disorders." In: *Prog Neuropsychopharmacol Biol Psychiatry* 87.PtA (Dec. 2018), pp. 22–32. doi: 10.1016/j.pnpbp.2017.06.029.

15. Claire M Gillan et al. "Characterizing a psychiatric symptom dimension related to deficits in goal-directed control." In: *Elife* 5 (2016). doi: 10.7554/eLife.11305.

16. https://khn.org/news/what-dope-sick-really-feels-like/.

17. Susana Peciña, Jay Schulkin, and Kent C Berridge. "Nucleus accumbens corticotropinreleasing factor increases cue-triggered motivation for sucrose reward: Paradoxical positive incentive effects in stress?" In: *BMC Biol* 4 (2006), p. 8. doi: 10.1186/1741-7007-4-8.

18. Anke Snoek, Neil Levy, and Jeanette Kennett. "Strong-willed but not successful: The importance of strategies in recovery from addiction." In: *Addict Behav Rep* 4 (2016), pp. 102–7. doi: 10.1016/j.abrep.2016.09.002.

19. Bryan F Singer et al. "Are cocaine-seeking 'habits' necessary for the development of addiction-like behavior in rats?" In: *J Neurosci* 38.1 (Jan. 2018), pp. 60–73. doi: 10.1523/JNEUROSCI.2458-17.2017.

20. Lee Hogarth. "Addiction is driven by excessive goal-directed drug choice under negative affect: Translational critique of habit and compulsion theory." In: *Neuropsychopharmacology* 45.5 (2020), pp. 720–35. doi: 10.1038/s41386-020-0600-8.

21. Lauren Eales, Arthur J Reynolds, and Suh-Ruu Ou. "Childhood predictors of adult obesity in the Chicago Longitudinal Study." In: *Prev Med* 132 (Mar. 2020), p. 105993. doi: 10.1016/j.ypmed.2020.105993.

22. Ian W Eisenberg et al. "Uncovering the structure of self-regulation through datadriven ontology discovery." In: *Nat Commun* 10.1 (2019), p. 2319. doi: 10.1038/s41467-019-10301-1.

23. Brenda L Rooney, Michelle A Mathiason, and Charles W Schauberger. "Predictors of obesity in childhood, adolescence, and adulthood in a birth cohort." In: *Matern Child HealthJ* 15.8 (2011), pp. 1166–75. doi: 10.1007/s10995-010-0689-1.

24. Eurídice Martínez Steele et al. "Ultra-processed foods and added sugars in the US diet: Evidence from a nationally representative cross-sectional study." In: *BMJ Open* 6.3 (2016), e009892. doi: 10.1136/bmjopen-2015-009892.

25. Marco Cirilli, Daniele Bassi, and Angelo Ciacciulli. "Sugars in peach fruit: A breeding perspective." In: *Hortic Res* 3 (2016), p. 15067. doi: 10.1038/

hortres.2015.67.

26. Kevin D Hall et al. “Ultra-processed diets cause excess calorie intake and weight gain: An inpatient randomized controlled trial of ad libitum food intake.” In: *Cell Metab* 30.1 (2019), p. 226. doi: 10.1016/j.cmet.2019.05.020.

27. Paul M Johnson and Paul J Kenny. “Dopamine D2 receptors in addiction-like reward dysfunction and compulsive eating in obese rats.” In: *Nat Neurosci* 13.5 (2010), pp. 635–41. doi: 10.1038/nn.2519.

28. Nicole M Avena, Pedro Rada, and Bartley G Hoebel. “Evidence for sugar addiction: Behavioral and neurochemical effects of intermittent, excessive sugar intake.” In: *Neurosci Biobehav Rev* 32.1 (2008), pp. 20–39. doi: 10.1016/j.neubiorev.2007.04.019.

29. Margaret L Westwater, Paul C Fletcher, and Hisham Ziauddeen. “Sugar addiction: The state of the science.” In: *EurJ Nutr* 55 Suppl 2 (2016), pp. 55–69. doi: 10.1007/s00394-016-1229-6.

30. E M Bowman, T G Aigner, and B J Richmond. “Neural signals in the monkey ventral striatum related to motivation for juice and cocaine rewards.” In: *J Neurophysiol* 75.3 (1996), pp. 1061–73. doi: 10.1152/jn.1996.75.3.1061.

31. Paul C Fletcher and Paul J Kenny. “Food addiction: A valid concept?” In: *Neuropsychopharmacology* 43.13 (Dec. 2018), pp. 2506–13. doi: 10.1038/s41386-018-0203-9.

32. G J Wang et al. “Brain dopamine and obesity.” In: *Lancet* 357.9253 (2001), pp. 354–57. doi: 10.1016/s0140-6736(00)03643-6.

33. Linh C Dang et al. “Associations between dopamine D2 receptor availability and BMI depend on age.” In: *Neuroimage* 138 (2016), pp. 176–83. doi: 10.1016/j.neuroimage.2016.05.044.

34. Uku Vainik, Isabel García-García, and Alain Dagher. "Uncontrolled eating: A unifying heritable trait linked with obesity, overeating, personality and the brain." In: *Eur J Neurosci* 50.3 (Aug. 2019), pp. 2430–45. doi: 10.1111/ejn.14352.

35. Uku Vainik et al. "Obesity has limited behavioural overlap with addiction and psychiatric phenotypes." In: *Nat Hum Behav* 4.1 (Jan. 2020), pp. 27–35. doi: 10.1038/s41562-019-0752-x.

36. Nico Bunzeck and Emrah Düzel. "Absolute coding of stimulus novelty in the human substantia nigra/VTA." In: *Neuron* 51.3 (2006), pp. 369–79. doi: 10.1016/j.neuron.2006.06.021.

37. Daniel Kardefelt-Winther et al. "How can we conceptualize behavioural addiction without pathologizing common behaviours?" In: *Addiction* 112.10 (2017), pp. 1709–15. doi: 10.1111/add.13763.

38. https://www.tylervigen.com/spurious-correlations.

39. Amy Orben and Andrew K Przybylski. "The association between adolescent well-being and digital technology use." In: *Nat Hum Behav* 3.2 (2019), pp. 173–82. doi: 10.1038/s41562-018-0506-1.

40. James David Jentsch and Zachary T Pennington. "Reward, interrupted: Inhibitory control and its relevance to addictions." In: *Neuropharmacology* 76 Pt B (2014), pp. 479–86. doi: 10.1016/j.neuropharm.2013.05.022.

41. David Belin et al. "High impulsivity predicts the switch to compulsive cocaine-taking." In: *Science* 320.5881 (2008), pp. 1352–55. doi: 10.1126/science.1158136.

42. Vincent Pascoli et al. "Stochastic synaptic plasticity underlying compulsion in a model of addiction." In: *Nature* 564.7736 (Dec. 2018), pp.

366–71. doi: 10.1038/s41586-018-0789-4.

43. Kyle Honegger and Benjamin de Bivort. “Stochasticity, individuality and behavior.” In:*Curr Biol* 28.1 (Jan. 2018), R8–R12. doi: 10.1016/j.cub.2017.11.058.

44. Dean G Kilpatrick et al. “Violence and risk of PTSD, major depression, substance abuse/dependence, and comorbidity: Results from the National Survey of Adolescents.” In: *J Consult Clin Psychol* 71.4 (2003), pp. 692–700. doi: 10.1037/0022-006x.71.4.692.

第六章

1. Data for 1971 (left panel of Figure 7.1) comes from the following source: W A Hunt, L W Barnett, and L G Branch. “Relapse rates in addiction programs.” In: *J Clin Psychol* 27.4 (1971), pp. 455–56. doi: 10.1002/1097-4679(197110)27:4<455::aid-jclp2270270412>3.0.co;2-r. Data for 2011 (right panel of Figure 7.1) comes from the following source: Rajita Sinha. “New findings on biological factors predicting addiction relapse vulnerability.” In: *Curr Psychiatry Rep* 13.5 (2011), pp. 398–405. doi: 10.1007/s11920-011-0224-0.

2. W Mischel. “The toothbrush problem.” In: *APS Observer* 21 (2008), p. 11.

3. Nikolaos Mastellos et al. “Transtheoretical model stages of change for dietary and physical exercise modification in weight loss management for overweight and obese adults.” In: *Cochrane Database Syst Rev* 2 (2014). doi: 10.1002/14651858.CD008066.pub3.

第七章

1. Richard H Thaler and Cass R Sunstein. *Nudge: Improving Decisions about Health, Wealth, and Happiness*. Revised and expanded edition. New York: Penguin Books, 2009.

2. Eric J Johnson and Daniel Goldstein. “Medicine. Do defaults save lives?” In: *Science* 302.5649 (2003), pp. 1338–39. doi: 10.1126/science.1091721.

3. https://freakonomics.com/podcast/live-philadelphia/.

4. https://freakonomics.com/podcast/live-philadelphia/.

5. Terrance Odean. “Are investors reluctant to realize their losses?” In: *Journal of Finance* 53.5 (1998), pp. 1775–98. doi: 10.1111/0022-1082.00072. e-print: https://onlinelibrary.wiley.com/doi/pdf/10.1111/0022-1082.00072. url: https://onlinelibrary.wiley.com/doi/abs/10.1111/0022-1082.00072.

6. A Tversky and D Kahneman. “The framing of decisions and the psychology of choice.” In: *Science* 211.4481 (1981), pp. 453–58. doi: 10.1126/science.7455683.

7. Bradley P Turnwald et al. “Increasing vegetable intake by emphasizing tasty and enjoyable attributes: A randomized controlled multisite intervention for taste-focused labeling.” In: *Psychol Sci* (2019), pp. 1603–15. doi: 10.1177/0956797619872191.

8. Chung-won Lee and Jennifer Kahende. “Factors associated with successful smoking cessation in the United States, 2000.” In: *Am J Public Health* 97.8 (2007), pp. 1503–9. doi: 10.2105/AJPH.2005.083527.

9. Jutta Mata, Peter M Todd, and Sonia Lippke. “When weight management lasts. Lower perceived rule complexity increases adherence.” In:

Appetite 54.1 (2010), pp. 37–43. doi: 10.1016/j.appet.2009.09.004.

10. Benjamin Scheibehenne, Linda Miesler, and Peter M Todd. "Fast and frugal food choices: Uncovering individual decision heuristics." In: *Appetite* 49.3 (2007), pp. 578–89. doi: 10.1016/j.appet.2007.03.224.

11. Angela L Duckworth et al. "A stitch in time: Strategic self-control in high school and college students." In: *J Educ Psychol* 108.3 (2016), pp. 329–41. doi: 10.1037/edu0000062.

12. Melvyn Zhang et al. "A systematic review of attention biases in opioid, cannabis, stimulant use disorders." In: *Int J Environ Res Public Health* 15.6 (June 2018). doi: 10.3390/ijerph 15061138.

13. Todd F Heatherton and Patricia A Nichols. "Personal accounts of successful versus failed attempts at life change." In: *Personality and Social Psychology Bulletin* 20.6 (1994), pp. 664– 75. doi: 10.1177/0146167294206005. e-print: https://doi.org/10.1177/0146167294206005. url: https://doi.org/10.1177/0146167294206005.

14. Wendy Wood, Leona Tam, and Melissa Guerrero Witt. "Changing circumstances, disrupting habits." In: *J Pers Soc Psychol* 88.6 (2005), pp. 918–33. doi: 10.1037/0022-3514.88.6.918.

15. A M Graybiel and S L Rauch. "Toward a neurobiology of obsessive-compulsive disorder." In: *Neuron* 28.2 (2000), pp. 343–47. doi: 10.1016/s0896-6273(00)00113-6.

16. Joseph F McGuire et al. "Behavior therapy for tic disorders: An evidenced-based review and new directions for treatment research."' In: *Curr Dev Disord Rep* 2.4 (2015), pp. 309–17. doi: 10.1007/s40474-015-0063-5.

17. https://deconstructingyourself .com/overcoming-craving.html.

18. Nicholas T Van Dam et al. “Mind the hype: A critical evaluation and prescriptive agenda for research on mindfulness and meditation.” In: *Perspect Psychol Sci* 13.1 (Jan. 2018), pp. 36–61. doi: 10.1177/1745691617709589.

19. Stephanie Coronado-Montoya et al. “Reporting of positive results in randomized controlled trials of mindfulness-based mental health interventions.” In: *PLoS One* 11.4 (2016), e0153220. doi: 10.1371/journal.pone.0153220.

20. Adrian M Owen et al. “Putting brain training to the test.” In: *Nature* 465.7299 (2010), pp. 775–78. doi: 10.1038/nature09042.

21. Daniel J Simons et al. “Do ‘Brain-Training’ Programs Work?” In: *Psychol Sci Public Interest* 17.3 (2016), pp. 103–86. doi: 10.1177/1529100616661983.

22. Monica Melby-Lervåg and Charles Hulme. “Is working memory training effective? A metaanalytic review.” In: *Dev Psychol* 49.2 (2013), pp. 270–91. doi: 10.1037/a0028228.

23. Andrew Jones et al. “A randomized controlled trial of inhibitory control training for the reduction of alcohol consumption in problem drinkers.” In: *J Consult Clin Psychol* 86.12 (2018), pp. 991–1004. doi: 10.1037/ccp0000312.

24. Isabel Carrero, Irene Vilà, and Raquel Redondo. “What makes implementation intention interventions effective for promoting healthy eating behaviours? A meta-regression.” In: *Appetite* 140 (2019), pp. 239–47. doi: 10.1016/j.appet.2019.05.024.

25. Lenard I Lesser, Caroline A Thompson, and Harold S Luft. “Association between monetary deposits and weight loss in online commitment contracts.” In: *Am J Health Promot* 32.1 (Jan. 2018), pp. 198–204. doi: 10.1177/0890117116661157.

26. Nia Coupe et al. "The effect of commitment-making on weight loss and behaviour change in adults with obesity/overweight; a systematic review." In: *BMC Public Health* 19.1 (2019), p. 816. doi: 10.1186/s12889-019-7185-3.

第八章

1. Reut Shema, Todd Charlton Sacktor, and Yadin Dudai. "Rapid erasure of long-term memory associations in the cortex by an inhibitor of PKM zeta." In: *Science* 317.5840 (2007), pp. 951–53. doi: 10.1126/science.1144334.

2. Jose A Crespo et al. "Activation of PKCzeta and PKMzeta in the nucleus accumbens core is necessary for the retrieval, consolidation and reconsolidation of drug memory." In: *PLoS One* 7.2 (2012), e30502. doi: 10.1371/journal.pone.0030502; Yan-qin Li et al. "Inhibition of PKMzeta in nucleus accumbens core abolishes long-term drug reward memory." In: *J Neurosci* 31.14 (2011), pp. 5436–46. doi: 10.1523/JNEUROSCI.5884-10.2011; D Shabashov, E Shohami, and R Yaka. "Inactivation of PKM in the NAc shell abolished cocaine-conditioned reward." In: *J Mol Neurosci* 47.3 (2012), pp. 546–53. doi: 10.1007/s12031-011-9671-7.

3. Wolfgang M Pauli et al. "Inhibiting PKM reveals dorsal lateral and dorsal medial striatum store the different memories needed to support adaptive behavior." In: *Learn Mem* 19.7 (2012), pp. 307–14. doi: 10.1101/lm.025148.111.

4. J R Misanin, R R Miller, and D J Lewis. "Retrograde amnesia produced by electroconvulsive shock after reactivation of a consolidated memory trace." In: *Science* 160.3827 (1968), pp. 554–55. doi: 10.1126/science.160.3827.554.

5. K Nader, G E Schafe, and J E LeDoux. "Fear memories require protein

synthesis in the amygdala for reconsolidation after retrieval." In: *Nature* 406.6797 (2000), pp. 722–26. doi: 10.1038/35021052.

6. Jonathan L C Lee et al. "Disrupting reconsolidation of drug memories reduces cocaineseeking behavior." In: *Neuron* 47.6 (2005), pp. 795–801. doi: 10.1016/j.neuron.2005.08.007.

7. Yan-Xue Xue et al. "A memory retrieval-extinction procedure to prevent drug craving and relapse." In: *Science* 336.6078 (2012), pp. 241–45. doi: 10.1126/science.1215070.

8. R D Rubin. "Clinical use of retrograde amnesia produced by electroconvulsive shock. A conditioning hypothesis." In: *Can Psychiatr Assoc J* 21.2 (1976), pp. 87–90. doi: 10.1177/ 070674377602100205.

9. Michael Treanor et al. "Can memories of traumatic experiences or addiction be erased or modified? A critical review of research on the disruption of memory reconsolidation and its applications." In: *Perspect Psychol Sci* 12.2 (Mar. 2017), pp. 290–305. doi: 10.1177/1745691616664725.

10. Nasir H Naqvi et al. "Damage to the insula disrupts addiction to cigarette smoking." In:*Science* 315.5811 (2007), pp. 531–34. doi: 10.1126/ science.1135926.

11. https://www.vice.com/en_us/article/gqwnex/with-and-without-my-ritalin.

12. Irena P Ilieva, Cayce J Hook, and Martha J Farah. "Prescription stimulants' effects on healthy inhibitory control, working memory, and episodic memory: A meta-analysis." In: *J Cogn Neurosci* 27.6 (2015), pp. 1069–89. doi: 10.1162/jocn_a_00776.

13. Margaret C Wardle et al. "Amping up effort: Effects of d-amphetamine

on human effort-based decision-making." In: *J Neurosci* 31.46 (2011), pp. 16597–602. doi: 10.1523/JNEUROSCI.4387-11.2011.

14. https://www.fda.gov/drugs/science-and-research-drugs/table-pharmacogenomic-bio markers-drug-labeling.

15. Andrew T Drysdale et al. "Resting-state connectivity biomarkers define neurophysiological subtypes of depression." In: *Nat Med* 23.1 (Jan. 2017), pp. 28–38. doi: 10.1038/nm.4246.

16. Richard Dinga et al. "Evaluating the evidence for biotypes of depression: Methodological replication and extension of Drysdale et al. (2017)." In: *Neuroimage Clin* 22 (2019), p. 101796. doi: 10.1016/j.nicl.2019.101796.

17. Ian W Eisenberg et al. "Uncovering the structure of self-regulation through data-driven ontology discovery." In: *Nat Commun* 10.1 (2019), p. 2319. doi: 10.1038/s41467-019-10301-1.

18. Elizabeth O Lillie et al. "The n-of-1 clinical trial: The ultimate strategy for individualizing medicine?" In: *Per Med* 8.2 (2011), pp. 161–173. doi: 10.2217/pme.11.7.

19. Jonathan A Shaffer et al. "N-of-1 randomized intervention trials in health psychology: A systematic review and methodology critique." In: *Ann Behav Med* 52.9 (Aug. 2018), pp. 731–42. doi: 10.1093/abm/kax026.

第九章

1. Robert M Kaplan and Veronica L Irvin. "Likelihood of null effects of large NHLBI clinical trials has increased over time." In: *PLoS One* 10.8 (2015), e0132382. doi: 10.1371/journal.pone.0132382.

2. Open Science Collaboration. "Psychology. Estimating the reproducibility

of psychological science." In: *Science* 349.6251 (2015). doi: 10.1126/science.aac4716.

3. Rotem Botvinik-Nezer et al. "Variability in the analysis of a single neuroimaging dataset by many teams." In: *Nature* 582.7810 (2020) pp. 84–88. doi: 10.1038/s41586-020-2314-9.

4. Timothy M Lenton et al. "Climate tipping points—too risky to bet against." In: *Nature* 575.7784 (Nov. 2019), pp. 592–95. doi: 10.1038/d41586-019-03595-0.

5. Adam R Aron et al. "How can neuroscientists respond to the climate emergency?" In: *Neuron* 106.1 (2020), pp. 17–20. doi: 10.1016/j.neuron.2020.02.019.

6. Adam R Aron. "The climate crisis needs attention from cognitive scientists." In: *Trends Cogn Sci* 23.11 (Nov. 2019), pp. 903–6. doi: 10.1016/j.tics.2019.08.001.